油气管道施工及保护

夏云生　编著

中国石化出版社

内 容 提 要

本书结合国家、行业标准、规范以及企业的规章制度等要求，介绍了长输管道施工技术、管道防腐及质量检测、管道阴极保护原理等知识，结合典型事故案例、管道检测与巡护等工作要点，梳理了油气管道施工过程中存在的主要风险，对重点施工环节的管道保护措施，以及在管道日常维护中应该重点进行的保护工作。

本书可供石油化工领域炼化企业、施工企业的油气管道管理人员、技术人员(包括管道工和巡线工等)使用，也适合于科研院所的油气管道特别是长输管道相关的设计人员借鉴参考。

图书在版编目(CIP)数据

油气管道施工及保护／夏云生编著．—北京：中国石化出版社，2018.8

ISBN 978-7-5114-4969-6

Ⅰ.①油…　Ⅱ.①夏…　Ⅲ.①石油管道-管道施工　Ⅳ.①TE973.8

中国版本图书馆 CIP 数据核字(2018)第 169049 号

中国石化出版社出版发行

地址:北京市朝阳区吉市口路 9 号

邮编:100020　电话:(010)59964500

发行部电话:(010)59964526

http://www.sinopec-press.com

E-mail:press@sinopec.com

北京富泰印刷有限责任公司印刷

全国各地新华书店经销

*

787×1092 毫米 16 开本　9.25 印张　208 千字

2018 年 9 月第 1 版　2018 年 9 月第 1 次印刷

定价:30.00 元

前　言

近年来，随着石油化工技术的快速发展，各种大型炼化企业在全国各地落地开花，作为主要化工原料的原油源源不断地从码头、油田输送至炼化企业。管道输送的方式由于具有经济、快速等特点被越来越多地采用，成为目前最主要的输送方式之一。

在管道事业快速发展的同时，也带来了安全隐患。由于输送的介质具有易燃、易爆，以及经常经过人口稠密区等特点，油气管道一旦发生事故，影响面广，损失严重。因此，搞好油气管道保护工作、保证油气管道安全运行是摆在石油石化行业面前的重要任务。目前，针对我国油气管线保护距离长，穿越地区较多，地形复杂，而且违章占压、第三方施工破坏与打孔盗油严重等问题，许多企业加大了对油气管道保护的力度，聘请或者成立了专业化的油气管道巡护公司，取得了一定的效果。但是追根逐底，管道企业是管道管理的主体，而企业自身管道保护人员的素质水平高低才是决定管道保护工作是否有效的核心因素。换句话讲，只有解决好企业自身管道保护人员的素质水平问题，才能够将管道保护工作落到实处，将管道运行带来的风险降低到最小。

为此，本书结合现行国家、行业标准、油气管道工技能鉴定等有关要求，从实践入手，系统地介绍了长输管道施工技术、管道阴极保护原理以及与管道施工及保护工作中密切相关的储罐阴极保护等有关知识。

由于作者水平有限，书中难免有疏漏之处，敬请读者批评指正。

前 言

目　录

第1章 概　　述

1.1 国内油气管道的发展环境

随着世界经济的复苏，国内外石油供需总体宽松，国际油价剧烈波动且低位徘徊。国内经济进入新常态，经济发展方式加快转变，能源生产和消费革命成为长期战略。全面深化体制改革和“一带一路”建设，为行业发展和国际合作拓展了新的空间，我国油气管道发展面临挑战的同时迎来重要战略机遇期。

2017年1月19日，国家发展和改革委员会印发了《石油发展“十三五”规划》（以下简称《石油规划》）、《天然气发展“十三五”规划》（以下简称《天然气规划》），对我国的油气能源发展做了进一步细化。

根据《石油规划》，在“十三五”期间，建成原油管道约5000公里，新增一次输油能力1.2亿吨/年；建成成品油管道12000公里，新增一次输油能力0.9亿吨/年。到2020年，累计建成原油管道3.2万公里，形成一次输油能力约6.5亿吨/年；成品油管道3.3万公里，形成一次输油能力3亿吨/年。“十三五”时期石油行业发展主要目标如表1-1所示。

表1-1　“十三五”时期石油行业发展主要目标

指　标	单　位	2015年	2020年	年增长率
累计探明储量	亿吨	371.7	420	2.47%
产量	亿吨/年	2.14	2以上	—
石油表观消费量	亿吨/年	5.47	5.9	1.52%
石油净进口量	亿吨/年	3.33	3.9	3.21%
原油管道里程	万公里	2.7	3.2	3.46%
原油管输能力	亿吨/年	5.3	6.5	4.17%
成品油管道里程	万公里	2.1	3.3	9.46%
成品油管输能力	亿吨/年	2.1	3	3.51%

根据《天然气规划》，新建天然气主干及配套管道4万公里，天然气管道里程将从6.4万公里提高到10.4万公里，增加量相当于中国石油化工集团公司（以下简称中国石化）现有管道里程数的5倍。到2020年干线输气能力超过4000亿立方米/年；地下储气库累计形成

工作气量148亿立方米。"十三五"时期天然气行业发展主要目标如表1-2所示。

表1-2 "十三五"时期天然气行业发展主要目标

指　标	单　位	2015年	2020年	年增长率
累计探明储量	万亿立方米	13	16	4.3%
产量	亿立方米/年	1350	2070	8.9%
天然气占一次能源消费比例	%	5.9	8.3~10.0	—
气化人口	亿人	3.3	4.7	10.3%
城镇人口天然气气化率	%	42.8	57	—
管道里程	万公里	6.4	10.4	10.2%
管道一次运输能力	亿立方米	2.1	3.3	9.46%
地下储气库工作气量	亿立方米	55	148	21.9%

在"十二五"期间，国内新投运原油长输管道总里程5000公里，新投运成品油管道总里程3000公里。截至2015年年底累计建成原油长输管道2.7万公里、成品油管道2.1万公里。从《石油规划》和《天然气规划》来看，"十三五"时期新投运原油管道、成品油管道里程较"十二五"时期相对持平，并略有增长。这与国外发达国家相比仍有不小差距。根据中国石油的统计，美国原油输送管网在1959年已发展到25.7万公里。就国内而言，油气管道里程仅为12万公里，占世界总量不足3%，天然气占一次能源消费比重仅为6%，远低于世界平均水平（24%）。因此，我国跻身于国际能源大国，在基础管道设施建设等发面还有很长一段路要走。

另一方面，从国内对石油、天然气的需求来看，总需求量一路攀升，并且表现出对国外石油天然气的依存度不断升高。中国石油经济技术研究院称，中国2016年的原油对外依存度上升到65.5%，刷新历史纪录。2015年全国天然气表观消费量1931亿立方米，"十二五"期间年均增长12.4%，累计消费量是"十一五"的两倍。国家统计局发布数据显示，2017年天然气进口946.3亿立方米，比上年增长26.9%；进口量与国内产量之比由2012年的0.4∶1扩大到0.6∶1。随着全面建设小康社会步伐的加快，对油气能源的需求将保持旺盛态势。管道运输以其一次性投资少、运输成本低、安全性高、利于环保等独特优势成为石油天然气运输的重要方式。因此，油气管道建设发展仍有较大空间。

1.2 面临的安全环保形势

能源是我国经济社会发展的重要基础。石油、天然气作为重要的两大能源，随着我国国民经济持续稳定发展和人民生活水平的不断提高，其需求量不断增长。油气管道作为满足供需的重要保障设施，带来经济发展的同时，也使安全环保事故呈现出逐年上升趋势。

在"十二五"期间，油气管道建设如火如荼地在全国铺开。其中原油管线有中哈原油管道二期、中缅原油管道、独山子-乌鲁木齐、兰州-成都、大庆-铁岭、瑞丽-昆明等干线管道；天然气管线有中亚天然气管道C线和D线，西气东输二线东段及香港支线，西气东输三线、四线、五线，中缅天然气管道；陕京四线、鄂尔多斯-安平输气管线、东北天然气管网等干线管道。

在“十二五”期间，虽然我国油气管道建设在网络分布、里程数量等方面得到长足发展，但是在安全环保发展方面相对欧美等发达国家差距甚远。2013年11月22日，东黄输油管道因泄漏发生了爆炸（以下简称“11·22”事故）。事故造成62人死亡、136人受伤，直接经济损失75172万元，15人移交司法机关，48人给予处分。

经调查认定，“11·22”事故是一起生产安全责任事故事故。暴露出的问题：输油管道与城市排水管网规划布置不合理；安全生产责任不落实，对输油管道疏于管理，造成原油泄漏；泄漏后的应急处置不当，未按规定采取设置警戒区、封闭道路、通知疏散人员等预防性措施。

“11·22”事故在我国油气管道发展历史中是一个转折性事件，它开启了一场轰轰烈烈的全国范围的管道隐患排查整治运动。管道隐患治理工作被提升到国家重要工作议程后，要求与之相适应的管道标准得到修订或更新，管道企业主体责任得到落实，地方政府监督检查职责得到落实。与此同时，探索研究管道全生命周期安全管理的“管道完整性管理”工作在油气管道行业内广泛展开。

从环境保护角度来讲，国家对《环境保护法》进行了修订，于2015年1月1日起实施。修改后的《环境保护法》共七章七十条，被誉为“史上最严”环保法。

新环保法规定，国家依照法律规定实行排污许可管理制度。实行排污许可管理的企业事业单位和其他生产经营者应当按照排污许可证的要求排放污染物；未取得排污许可证的，不得排放污染物。企业事业单位和其他生产经营者违法排放污染物，受到罚款处罚，被责令改正，拒不改正的，依法作出处罚决定的行政机关可以自责令改正之日的次日起，按照原处罚数额按日连续处罚。

油气管道是保障能源供给、关系国计民生的基础性设施，其输送介质具有高压、易燃、易爆等特点。因此，油气管道损坏不仅会造成巨大的直接损失，还会引起火灾爆炸事故，引起人员伤亡以及环境污染等问题，其间接经济损失不可估量。

例如，2015年3月26日、27日，某油田原油管道两次发生泄漏事故，造成周边荒坡、沟渠和林地污染，被省环保执法局罚款32万元，3名领导因负有主要领导责任被免职。

两起漏油事故的原因均是输油管线自然腐蚀破裂所致，调查结果显示：这两条输油管线建设时没有国家标准，当时设计标准低，施工建设时质量监管不到位，使用寿命有限。另一方面原因是企业主体责任落实不到位，表现在企业对环保工作不够重视，管理缺位，在油气田开发过程中，环境应急设施不完善，环境安全得不到保障，环境安全隐患排查不深不细，管线运行中未及时对管线进行检测和维护。

综上所述，我国油气管道发展的大环境是好的，但是安全管理压力和环境保护压力绝不能被忽视。对于管道企业来讲，一手边是新建管道、增加输量的发展红利，一手边是对在运管道的管理和隐患治理的投入。在这种形势下，怎样权衡好两者之间的关系和比重，确保安全环保是摆在眼前的主要问题。因此，落实企业主体责任，探索管道完整性管理，延长管道使用寿命，加强管道保护工作迫在眉睫。

1.3 油气管道保护存在的主要风险

敷设管道的土壤环境一般都比较恶劣，管道埋藏在土壤当中，周围的各种因素和介质性质都大不相同，管道内输送的介质物理、化学性质复杂，施工质量参差不齐，周边违规建（构）筑物以及输电线设施杂散电流等因素的影响给管道的安全运行埋下了诸多风险。

根据故障树分析原理，选择“管道失效”作为顶端事件。而引起管道失效最直接的原因就是管道断裂和穿透，并且其中任何一个原因出现均会导致管道失效，然后再以这两个原因为次顶事件，采用类似方法继续深入分析，直到找到代表各种故障事件的基本事件。

图 1-1 为油气管道的故障树示意图［（a）、（b）分别为破裂和穿透的子故障树］，表 1-3 为该故障树对应的基本事件列表，该故障树共考虑了 92 个基本事件。

根据对油气管道故障树，将导致顶端事故的基本事件分为不同的最小割集，然后采用下行法（Fussell）求解最小割集，最终得出引起管道失效的主要因素如下。

（1）第三方破坏

第三方破坏表示非管道职工所作的对管道系统的任何损坏或活动。尤其是近些年，自由开发以及由于开挖导致的管道事故风险不断增加。如 2014 年“6·30”新大原油管道破坏泄漏事件事故。另外，在油气管道上打孔盗油、盗气的事件屡有发生，有些造成重大事故。如 2004 年 10 月 6 日，陕京线天然气管道榆林市神木县境内的天然气管道因第三方施工发生泄漏。

（2）管材缺陷

包括管材缺陷和安装缺陷。管材缺陷主要是管材出厂前的质量问题，由于制造加工、运输不当造成的，如管道壁厚不均、焊缝缺陷等质量问题。这些原因往往在管道投产初期就造成管道损坏。安装缺陷是在管道的安装施工过程中形成的，如防腐绝缘涂层质量差、焊缝防腐不合格、安装过程划伤和碰伤防腐层、焊接质量存在缺陷等。这些原因在管道运行后期影响越明显，多导致管线腐蚀穿孔。

（3）腐蚀

腐蚀包括外腐蚀和内腐蚀。外腐蚀主要影响因素是土壤腐蚀、防腐绝缘涂层失效、阴极保护失、管材抗蚀性差等。内腐蚀主要由油气中的硫化物酸性介质（如硫化氢）引起。严重腐蚀将导致防腐绝缘涂层失效、管壁减薄、管道穿孔，甚至发生管道开裂。如 2010 年鲁宁线“4·14”漏油污染淮河事故。

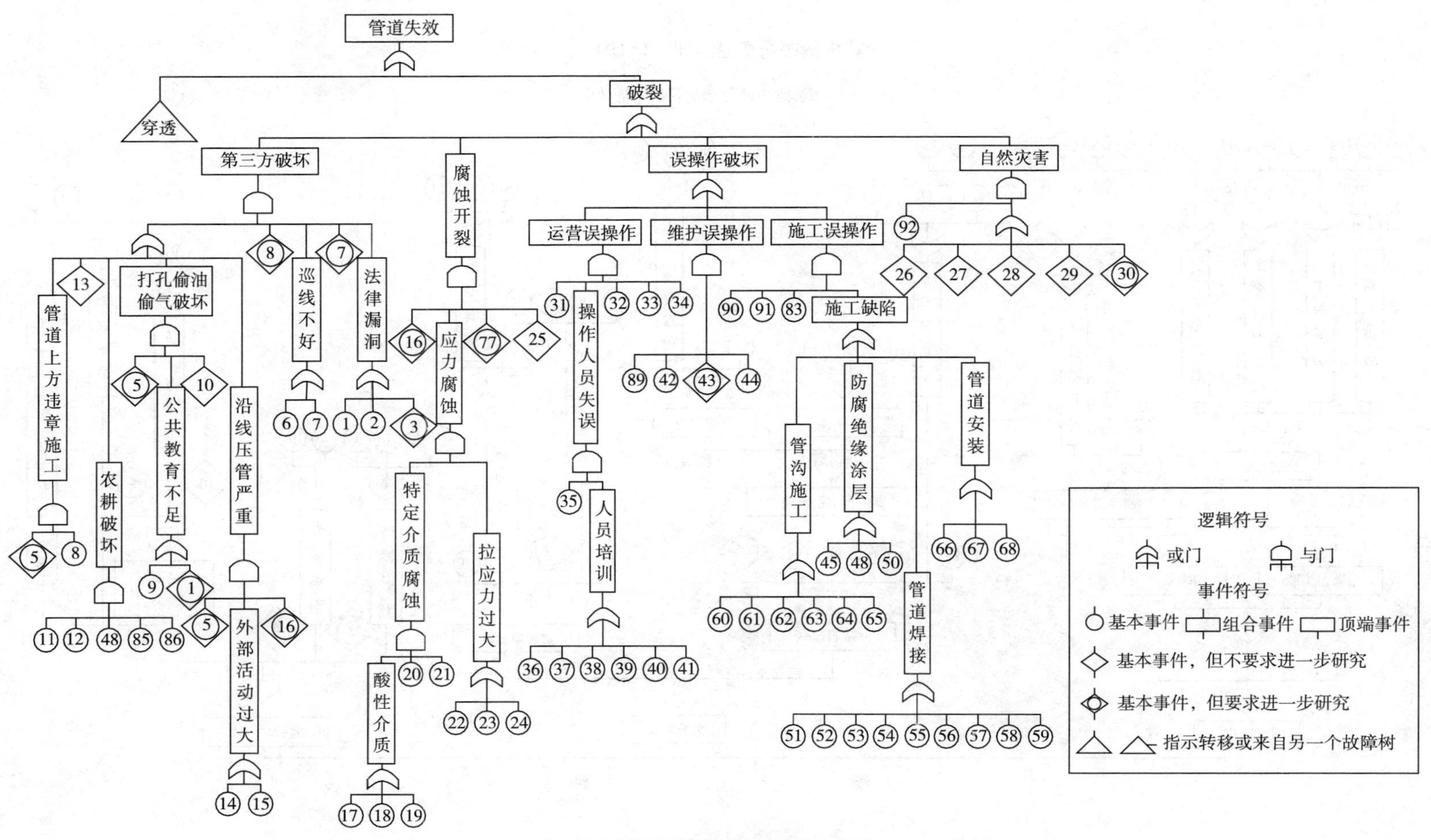

（a）油气管道故障危害识别故障树（破裂）

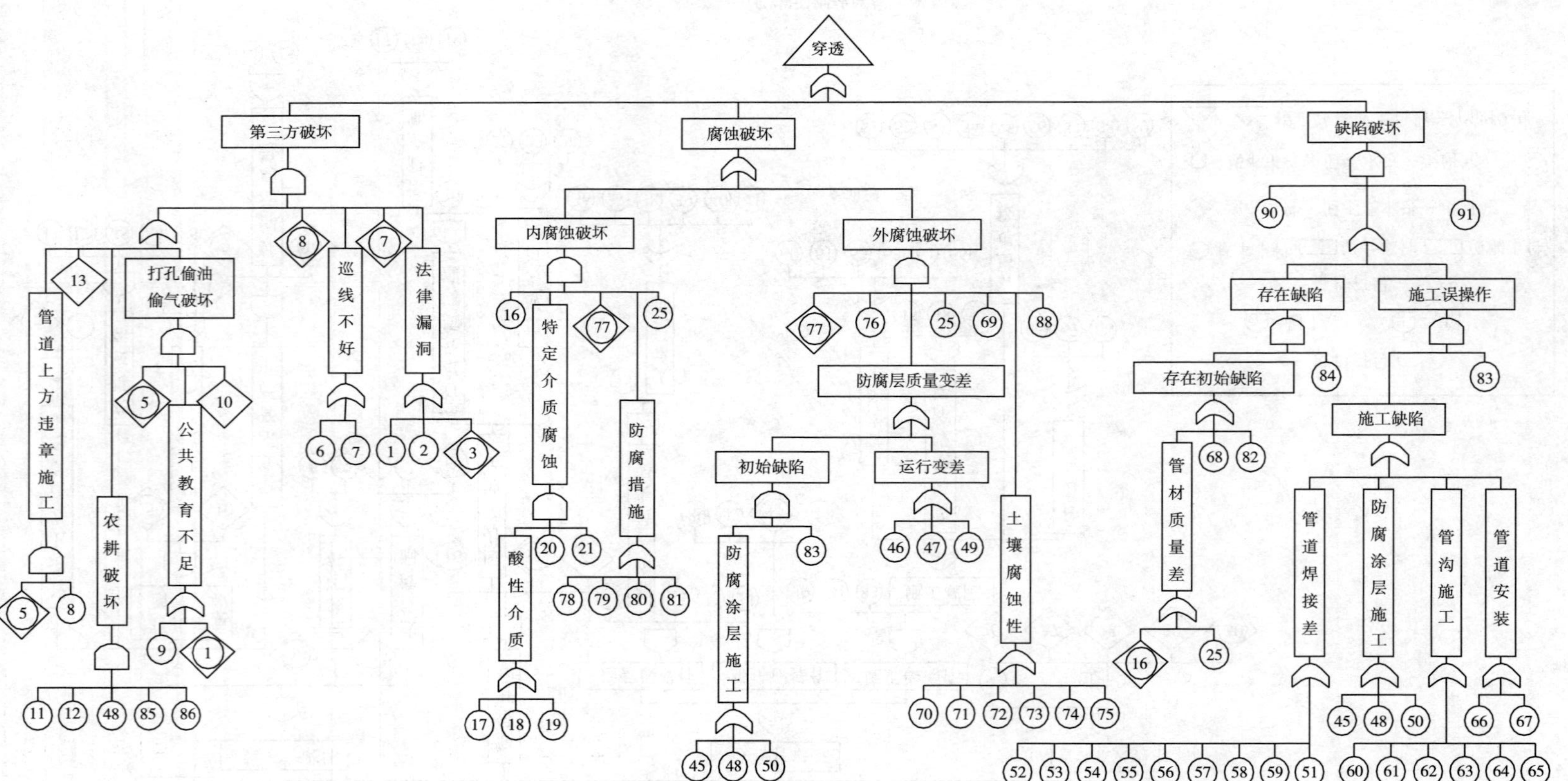

（b）油气管道故障危害识别故障树（穿透）

图1-1 油气管道故障树示意图

表1-3 油气管道危害识别故障树基本事件表

序号	事 件	序号	事 件	序号	事 件
1	法律制定不健全	32	SCADA系统通信问题	63	回填土含水率高
2	法律执行不严格	33	安全设备故障	64	管沟排水性能差
3	对法律认识不够	34	运营人员责任心差	65	回填土含腐蚀物
4	线路标志不明	35	运营监督检查不到位	66	管件缺陷未发现
5	社会关系处理不当	36	最低要求文件缺失	67	管段间错口大
6	巡线频率过低	37	基本知识掌握不足	68	机械损伤
7	巡线员责任心不强	38	应急演习不足	69	阴极保护电位不当
8	报警系统不好用	39	岗位操作规程不足	70	土壤微生物含量高
9	公共道德财产意识低	40	知识掌握测试不严	71	土壤pH值低
10	管道安全教育不够	41	在培训计划不足	72	土壤含水率高
11	周边地区经济不发达	42	维护设备不足	73	硫酸盐细菌含量高
12	管道埋深过浅	43	维护文件不足	74	土壤电阻率低
13	恶意破坏	44	维护人员责任心不足	75	土壤含盐量高
14	地面活动频繁	45	防腐绝缘涂层过薄	76	电流干扰
15	地面设施影响	46	防腐涂层粘结力低	77	腐蚀检测差
16	管道设计不合理	47	防腐涂层脆性过大	78	衬里脱落
17	介质H_2S含量过高	48	防腐涂层发生破损	79	内涂层变薄
18	介质CO_2含量过高	49	防腐涂层老化剥离	80	缓蚀剂失效
19	O_2含量不均匀	50	防腐涂层下部积水	81	清管频率低
20	H_2O含量过高	51	管道焊接方法不当	82	加工质量差
21	介质O_2含量过高	52	焊接材料不合格	83	施工监督不严
22	介质H_2O含量过高	53	表面预处理质量差	84	管道制造监督不严
23	温度影响大	54	焊缝表面有气泡	85	深层耕作
24	壁厚过薄	55	未焊透部分过大	86	法律安全宣传差
25	存在残余应力	56	渗碳现象严重	87	道路通行权差
26	内应力较大	57	存在过热组织	88	管龄过大
27	管材抗腐蚀性差	58	存在显微裂纹	89	维护方法失误
28	破坏性泥石流发生	59	焊后清理不仔细	90	管道检测结果差
29	破坏性洪水发生	60	管沟深度不够	91	工况变化过大
30	破坏性地震发生	61	边坡稳定性差	92	自然灾害防护不足
31	运营规程有误	62	回填土粒径大		

（4）自然灾害

由于地震、洪水或其他因素使管道裸露、悬空、下沉、拱起及移位变形等而造成管道破裂或断裂等事故。泄露油气可能引发火灾爆炸，造成巨大经济损失，人员伤亡，而且还会污染环境。如 2017 年 7 月 2 日，贵州天然气输气管道因山体滑坡挤压，导致燃气泄漏燃爆事故，造成多人伤亡。

通过以上分析，第三方破坏、管材缺陷和腐蚀破坏是管道的主要失效影响因素，但自然灾害、设计、误操作以及相关人员的责任心等不确定因素也不可忽视。

国内外管道典型事故案例分析如附录 1 所示。

1.4　油气管道保护主要工作

管道保护的主要工作就是通过强化人的管理、技术上的控制消除或削弱因第三方破坏、管材缺陷和腐蚀破坏等风险因素，减少事故发生，延长管道寿命。这些因素贯穿管道设计施工、投入运行、运行中管理，直至管线使用寿命终期整个过程。管道保护具体包括以下内容。

（1）管道设计、施工过程保护

管道设计、施工过程保护主要包括管道地理位置选取、施工环境要求、运输和保存、安装、检测、防腐、固定、回填、标识以及水工保护、清管试压等一系列环节。

管道设计、施工过程中的保护实质上就是质量保证，它是管道是否能够正常投入运行的前提和基础。管线在运输、保存、安装、防腐等过程中如果存在剐蹭、变形、焊接缺陷、防腐质量不达标等情况，将会增大管道腐蚀、应力破坏、漏油的风险，直接影响到管道本体健康程度，对管道后期运行中的管道保护和管理影响深远。

因此，了解管道设计施工程序，进行关键环节质量控制，就是从根本上提高管道的抗风险能力，是管道保护工作的根。

（2）腐蚀控制

目前，人们已认识到了管道腐蚀的风险和危害，并且在管道施工中普遍采用了外防腐绝缘层与阴极保护联合的防腐蚀措施。这种措施被认为是最经济、最合理的防蚀措施。

由于防腐绝缘层的各种材料，都不同程度地具备吸水和透气性，因此埋地后不可能完全将管道与腐蚀环境、介质完全隔离，而且这些材料也会在环境溶液的作用下会逐步吸水老化。除去因施工和管道内部介质等不确定因素造成的腐蚀，管道在自然环境下发生的腐蚀大多为局部腐蚀。这类腐蚀集中在金属的一定区域，而其他区域则几乎不受腐蚀，其中点腐蚀最为明显。另外，管线周边电力设备设施会导致管道中的杂散电流上升，当达到一定范围时，对管道的腐蚀也是不可忽视的。

因此，定期开展管道腐蚀检测和分析是十分必要的。日常工作中，管道管理人员会使用专用定位、检测设备，定期对管道沿线电位、绝缘法兰性能、杂散电流等有关参数检测，进而判断管线阴极保护的有效性和确定管道腐蚀位置。

(3) 防止第三方破坏

管道投入运行后，排除因本身质量和施工因素，造成管道失效的一个重要的因素就是第三方破坏。通过分析油气管道故障树以及全部最小割集，发现第三方破坏与最小埋深、管道沿线人的活动程度、地面上的管道设备、公众教育、管道施工带状况、居民素质、巡线的频率及管理水准等有关。

防止第三方破坏的主要途径有4个方面：①严格控制施工质量保证埋深，对于地势原因控制不了的可以加装套管、水泥管涵等方式提高管道抗外力能力；②加强管道巡护管理，熟知管道周边环境，对于管道附近厂矿、交通设施等建设工程情况密切跟踪，并且对一些存在土质疏松、滑坡等危险管段也要加强监管；③加强对管道周边居民、企业单位、地方政府的管道保护宣传和联动，定期排查，建立起良好的企地协作关系；④加强管道日常管理，定期开展检测和维修，补充和完善管道标识，确保管道本体和附属设施完好。

第2章　油气管道施工技术

油气管道施工按照长度距离分类，可为短距离连接企业内部站库及设备的输油管道和长距离输送原油、成品油的或天然气管道。本文中所述的管道是指油气管道中施工质量要求较高的长距离输送管道，简称为长输管道。

2.1　长输管道施工技术简介

长输管道线路工程施工主要分为：施工准备，材料、管道附件验收，交接桩及测量放线，施工便道修筑及施工作业带清理，材料、防腐管的运输及保管，管沟开挖，布管及现场坡口加工，管口组对、焊接及验收，管道防腐和保温工程，管道下沟及回填，管道穿（跨）越工程及同沟敷设，管道清管、测径及试压，输气管道干燥，管道连头，管道附属工程，健康、安全与环境和工程交工验收。

根据地形的情况，其施工程序一般分为沟上组焊和沟下组焊两种。沟上组焊主要施工流程如图2-1所示。

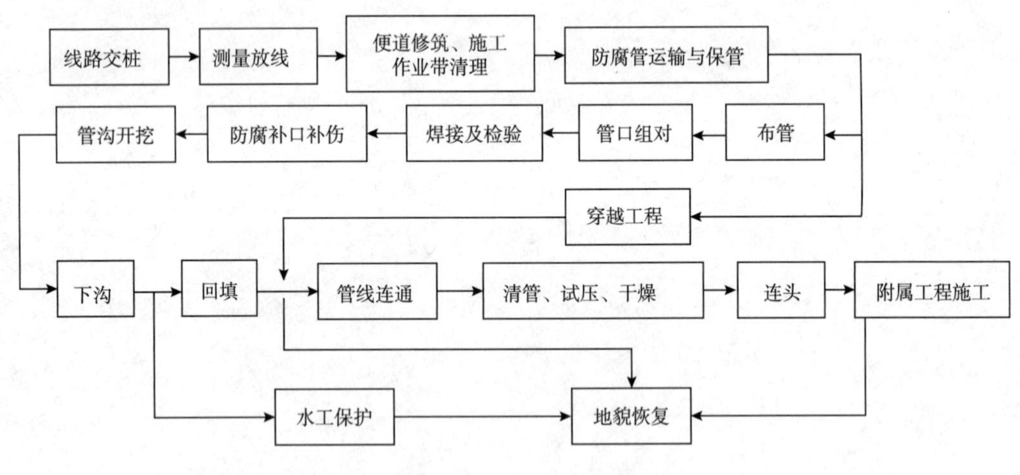

图2-1　沟上组焊流程

沟下组焊主要施工流程如图2-2所示。

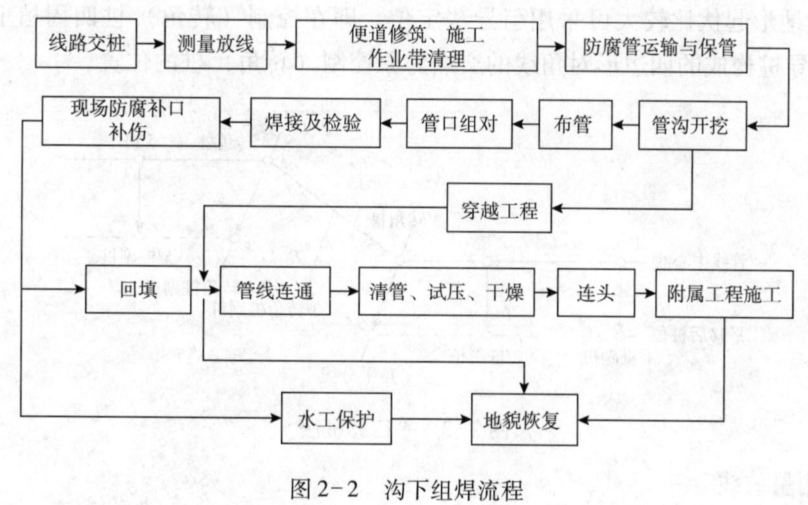

图 2-2　沟下组焊流程

2.2　线路交桩、移桩和放线

(1) 线路交桩、移桩

线路的交桩由业主单位或者监理单位组织，设计单位和施工单位共同参加，在现场进行交、接桩工作。

接桩人员由施工单位项目部技术部门和施工现场技术人员组成。

接桩前要组织接桩人员充分熟悉接桩区段的图纸以及相关资料。

充分准备野外接桩工作所必须的车辆、图纸、生活用品，以及必要的现场标志物(如：木桩、油漆等)、工具等。

接桩人员接收设计单位设置的线路控制桩和沿线路设立的临时性、永久性的水准基标，核对桩号、里程、高程、转角角度。

对丢失的控制桩和水准基标由设计单位恢复后，予以交接。交桩后，施工单位应采取保护措施，对于丢失的桩依据接桩原始记录用的测量方法予以恢复。

接桩人员应做好线路接桩的原始记录，达到指导放线和施工的目的。

施工人员应对线路的定测资料，线路平面，断面图进行详细审核，并与现场进行一一校对，防止失误。

每段管线交桩完毕，填写交接桩记录，由业主现场代表或者监理工程师、设计代表和施工人员共同会签。

设计单位与施工单位在现场进行控制（转角）桩、沿线路设置的临时性、永久性水准点的交接后，施工单位应进行测量放线，首先将桩移到施工作业带的边缘。

平原地区宜采用与管道轴线等距平行移动的方法移桩，移桩位置应在管道组装焊接一侧，且宜在施工带边界线内 1m 的位置，转角桩应向转角的角平分线方向移动，平移后的桩可称为原桩的副桩，如图 2-3 所示。

山区对地形起伏比较大可采用引导法定位，即在控制（转角）桩四周植上4个引导桩，4个引导桩构成的四边形对角线的交点为原控制（转角）桩的位置。

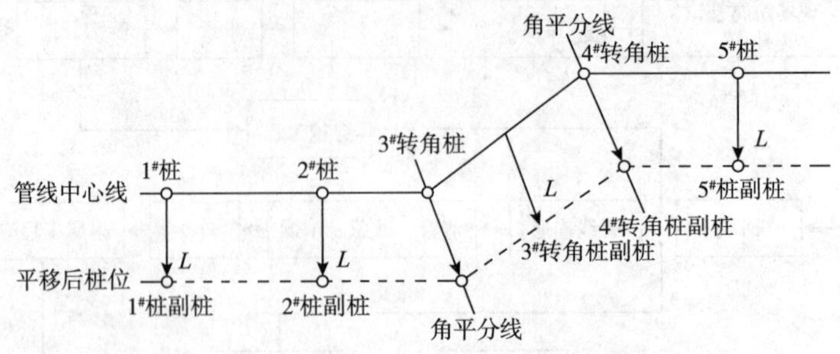

图2-3　平行移桩法

（2）测量放线

①测量放线人员一般由参加接桩的测量工程师和辅助人员组成。测量放线之前应做如下准备工作：

备齐放线区段完整的施工图；

备齐交接桩记录及认定的文件；

确认测量仪器与GPS定位仪完好（测量仪器在有效检定期内）；

备足木桩和灰料，备齐定桩、撒灰工具和用具；

测量尺、测量记录、标记笔、防晒、防雨、防风沙用具准备；

准备满足野外作业的车辆等交通工具。

②测量放线应根据设计控制（转角）桩或副桩进行，不得擅自改变线路位置，需要更改线路位置时，必须得到设计代表的书面同意，方可更改。采用GPS定位，全站仪进行测量放线。对于丢失的控制桩、水准基标，可根据交接桩记录和GPS仪等定位测量手段进行补桩，如图2-4所示。

应放出线路轴线（或管沟开挖边线）和施工作业带边界线。在线路轴线（或管沟开挖边线）和施工作业带边界线上加设百米桩，在坡坎、转角较多处应进行加密。桩间应做标记，如在桩间拉线或撒白灰线，并且施工期间保证完好，如图2-5所示。

图2-4　定位测量

图2-5　撒白灰线

管道水平转角较大时，应增设加密桩。对于弹性敷设管段或冷弯管管段，其水平转角应根据切线长度、外矢距等参数在地面上放出曲线。采用预制弯头、弯管的管段，应根据曲率半径和角度放出曲线。弹性敷设参照《油气长输管道工程施工及验收规范》（GB 50369—2014）中5.3的规定。

山区和地形起伏较大地段的管道，其纵向转角变坡点应根据施工图或管道施工测量成果表所标明的变坡点位置、角度、曲率半径等参数放线。

在河流、公路、铁路、沟渠、地下管道、电缆、光缆穿越段的两端，线路阀室两端及管线壁厚变化处应设置标志桩，需注明管材壁厚、防腐层结构等参数的变化、起止里程等信息，其设置位置应在管道组装焊接一侧，施工作业带边界线以内1m处。在河流、公路、铁路等“三穿”及沟渠处需进行单独的测量放线，放线时尽量减少拐点，以减少不必要的开挖和连头施工。

管道与原有地下建构筑物或其他隐蔽工程临近或交叉时，应设置明显的标志，如地下光缆、管道等，包括设计中未标出的与管道平行和交叉的原有设施，都应标明与管道的距离和交叉位置，设置警示牌，有专人负责统计，在管沟开挖前与地方有关部门及权属单位协商确定开挖方案，避免开挖管沟时被损坏。

2.3　清理作业带及修建便道

（1）施工作业带的清理

施工作业带占地宽度应执行设计规定。在穿越或跨越河流、沟渠、公路、铁路，地下水丰富和管沟深度超过5m的地段以及拖管车调头处，可根据实际的需要适当增加占地宽度。山区非机械化施工及人工凿岩地段可根据地形、地貌条件酌情减少占地宽度。

施工作业带占地宽度如设计无规定时，一般地段可按式（2-1）~式（2-4）计算。如图2-6所示：

$$L = C + B_1 + y + D_m + Z + 1 \tag{2-1}$$

$$C = B_1 \times h \times A \tag{2-2}$$

$$B_1 = B_2 + 2h/i \tag{2-3}$$

$$B_2 = D_m + K \tag{2-4}$$

式中　L——施工作业带占地宽度，m；

C——土堆宽度，m；

B_1——管沟上口宽，m；

B_2——管沟底宽，m；

A——土质调节系数，根据现场土质情况一般取1.5~2；

h——管沟深度，m；

i——坡度，$i = \tan\alpha$；

D_m——钢管的结构外径（包括防腐、保温层的厚度），m；

K——沟底加宽余量，m；

y——安全距离，m（按表2-6取值）；

Z——施工作业侧宽度，m，根据管径大小及作业方式等因素，取值范围为8~14m。

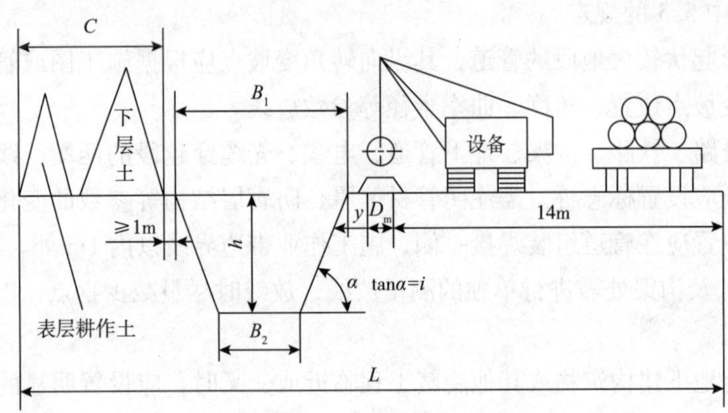

图2-6　施工作业带横断面布置图

施工作业范围内，对于影响施工机具通行或施工作业的石块、杂草、树木应清理干净，平整地面沟和坎，有积水的地势低洼地段应排水。施工作业带清理时，应注意对土地的保护，减少或防止产生水土流失，应尽量减少破坏地表植被。

清理和平整施工作业带时，应注意保护标志桩，如果损坏应立即恢复。

当施工作业带通过不允许堵截的沟渠时，应采取铺设有足够流量的过水管、搭设便桥等措施。

（2）施工便道的修筑

施工便道应平坦，并具有足够的承载能力，应能保证施工车辆和设备的行驶安全。施工便道的宽度宜大于4m，并与公路平缓接通，每2km宜设置一个会车处，弯道和会车处的路面宽度宜大于10m，弯道的转弯半径宜大于18m。

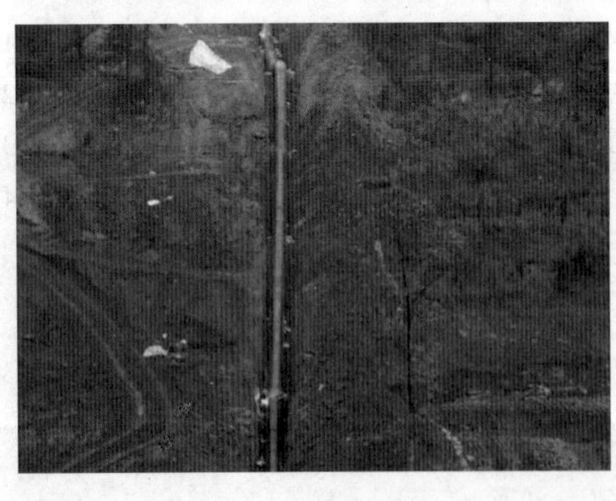

图2-7　Z形施工便道

施工便道经过小河、沟渠时，应根据现场情况决定是否修筑临时性桥涵或加固原桥涵。桥涵承载能力应满足运管及设备搬迁的要求。

在沼泽、水田、沙漠等地区修筑施工便道时，应采取加强路基的措施。

施工便道经过埋设较浅的地下管道、线缆、沟渠等地下构筑物或设施时，应采取保护措施。

陡坡地带施工便道修筑宜进行降坡处理或采取Z形施工等措施，如图2-7所示。

2.4　防腐管的运输及保管

（1）防腐管的装卸

管子装卸应使用不损伤管口的专用吊具，双联管吊装时应使用扁担式吊具。弯管应采取吊管带装卸，不得损伤防腐层。

所有施工机具和设备在行车、吊装、装卸过程中，其任何部位与架空电力线路的安全距离应符合表2-1的规定。

表2-1　施工机具和设备与架空电力线路安全距离

电力线路电压/kV	<1	1～35	60	110	220	330	n
安全距离/m	>1.5	>3	>5.1	>5.6	>6.7	>7.8	>0.01（n-50）+5

（2）防腐管的运输

运管使用专用的运管拖车，车箱上设有预制的管架，两侧设有橡胶板、旧轮胎等的软垫层，两层管子之间用特制的管托隔开，管托为钢制、外绑橡胶板。

管子装车后，用尼龙绳、尼龙吊带捆扎牢固，在与管子防腐层的接触部分衬垫橡胶板或者麻袋。运输弯头、弯管时，管车上用专用的支架固定弯头、弯管，防止滑动。防腐管拉运根据业主下达的运管调度计划进行，每车装运同一种壁厚和防腐类型的管子。防腐管运至指定的卸车地点后卸车，由现场接管人员与运管人员共同对管子进行检查验收，填写并移交检查、运输记录。

（3）防腐管的保管

防腐管的存放场地应平整、无石块，地面不得积水，应保持1%～2%的坡度，并设有排水沟。应在存放场地内修筑汽车与吊车进出场的道路，场地上方应无架空电力线。易燃、易爆物品的库房应按有关标准配备消防灭火器材。

防腐管应同向分层码垛堆放，堆放高度应保证管子不失稳变形、不损坏防腐层。不同规格、材质的防腐钢管应分开堆放。每层防腐管之间应垫放软垫，最下层的管子下宜铺垫两排枕木或者砂袋，管子距地面的距离应大于200mm。为保证管垛的稳定，最下一层的防腐管应用楔子固定。防腐管堆放层数符合表2-2的规定。

表2-2　防腐管堆放层数

直径 DN/mm	最大堆放层数	直径 DN/mm	最大堆放层数
≤200	10	500～600	4
200～300	7	600～800	3
300～400	6	>800	2
400～500	5		

防腐管运抵施工现场后，露天存放超过3个月时应采取防护措施。管子堆放过程中，

需要加强对外防腐层的保护，堆管场的四周应设置围栏，管堆间留出足够的通道，管子两端临时封堵，防止异物进入管内，如图 2-8 所示。

图 2-8　防腐管的堆放和保护

2.5　管沟开挖

（1）管沟的几何尺寸

管沟的开挖深度应符合设计要求。侧向斜坡地段的管沟深度，应按管沟横断面的底测深度计算。

管沟边坡坡度应根据土壤类别、载荷情况和管沟开挖深度确定。深度在 5m 以内（不加支撑）管沟最陡边坡的坡度可按表 2-3 确定。

表 2-3　深度在 5m 以内管沟最陡边坡坡度

土壤类别	最陡边坡坡度 i		
	坡顶无载荷	坡顶有静载荷	坡顶有动载荷
中密的砂土	1:1.00	1:1.25	1:1.50
中密的碎石类土（填充物为砂土）	1:0.75	1:1.00	1:1.25
硬塑的粉土	1:0.67	1:0.75	1:1.00
中密的碎石类土（填充物为黏性土）	1:0.50	1:0.67	1:0.75
硬塑的粉质黏土、黏土	1:0.33	1:0.50	1:0.67
老黄土	1:0.10	1:0.25	1:0.33
软土（经井点降水）	1:1.00	—	—
硬质岩	1:0	1:0	1:0
冻土	1:0	1:0	1:0

深度超过 5m 的管沟边坡可根据实际情况，采取边坡适当放缓，加支撑或者采取阶梯

式开挖措施。管沟沟底宽度应根据管道外径、开挖方式、组装焊接工艺及工程地质等因素确定。深度在5m以内管沟沟底宽度应按式（2-5）确定：

$$B = D_m + K \tag{2-5}$$

式中　B——沟底宽度，m；

D_m——钢管的结构外径（包括防腐、保温层的厚度），m；

K——沟底加宽余量，m，按表2-4取值。

表2-4　沟底加宽余量 *K* 值

<table>
<tr><th colspan="2" rowspan="3">条件因素</th><th colspan="4">沟上焊接</th><th colspan="3">沟下焊条电弧焊接</th><th rowspan="3">沟下半自动焊接处管沟</th><th rowspan="3">沟下焊接弯头、弯管及连头处管沟</th></tr>
<tr><th colspan="2">土质管沟</th><th rowspan="2">岩石爆破管沟</th><th rowspan="2">弯头、冷弯管处管沟</th><th colspan="2">土质管沟</th><th rowspan="2">岩石爆破管沟</th></tr>
<tr><th>沟中有水</th><th>沟中无水</th><th>沟中有水</th><th>沟中无水</th></tr>
<tr><td rowspan="2">K值</td><td>沟深3m以内</td><td>0.7</td><td>0.5</td><td>0.9</td><td>1.5</td><td>1.0</td><td>0.8</td><td>0.9</td><td>1.6</td><td>2.0</td></tr>
<tr><td>沟深3~5m</td><td>0.9</td><td>0.7</td><td>1.1</td><td>1.5</td><td>1.2</td><td>1.0</td><td>1.1</td><td>1.6</td><td>2.0</td></tr>
</table>

注：①当采用机械开挖管沟时，计算的沟底宽度小于挖斗宽度时，沟底宽度按挖斗宽度计算；②深度超过5m的管沟，沟底宽度应根据工程地质情况酌情处理。

（2）管沟的开挖

开挖管沟前，应向施工人员说明地下设施的分布情况。在地下设施两侧3m范围内，应采用人工开挖，并对挖出的地下设施给予必要的保护。对于重要地下设施，开挖前应征得其管理部门同意，必要时应在其监督下开挖。

一般地段管沟开挖时，应将挖出的土石方堆放到焊接施工对面一侧，堆土距沟边不应小于1m。

在耕作区开挖管沟时，应将表层耕作土与下层土分别堆放。下层土放置在靠近管沟一侧。

爆破开挖管沟宜在布管前完成。爆破作业应由有爆破资质的单位承担。爆破作业应制定安全措施，规定爆破安全距离，不应威胁到附近居民、行人，以及地上、地下设施的安全。对于可能受到影响的重要设施，应事前通知有关部门和人员，采取安全保护措施后方可爆破。

开挖管沟时，应注意保护地下文物，一旦发现文物，首先应保护现场，然后向当地主管部门报告。

管线穿越道路、河流、居民密集区等管沟开挖时，为保证公共安全应采取适当的安全措施，如设置警告牌、信号灯、警示物等。

（3）管沟的验收

直线段管沟应顺直，曲线段管沟应圆滑过渡，并应保证设计要求的曲率半径。管沟中心线、沟底标高、沟底宽度、变坡点位移的允许偏差应符合表2-5的规定。

表 2-5 管沟允许偏差

项 目	允许偏差/mm	图例
管沟中心线	<150	<150mm
沟底标高	+50 -100	≤50mm ≤100mm
沟底宽度	-100	≤100mm
变坡点位移	<1000	变坡点 管道纵向剖面图 <1000mm

石方段管沟沟壁不得有欲坠的石头，沟底不应有石块。开挖管沟后，应及时检查验收，不符合要求时应及时修整。应做好管沟检查记录，验收合格后应及时办理工序交接手续。

2.6 管道布管

施工作业带便道承载力较强处，采用宽履带吊管机直接布管，吊管机吊臂套旧轮胎保护，避免吊运过程中碰伤钢管的防腐层。施工作业带土质较软、承载力较差的地段，用宽履带推土机、宽履带吊管机等设备拖带宽脚爬犁进行运管、布管。管堆位置应远离架空电力线，并尽量靠近管线，管堆之间的距离不宜超过 500m。根据管道沿线不同的地质情况，采用沟上或者沟下方式布管。

（1）沟上布管

布管前应铺（筑）管墩，每根管子下面应设置 1 个管墩。平原地区管墩的高度宜为 0.4～0.5m，山区应根据地形变化设置。宜用袋装软体物质作为管墩。

管与管首尾相接处宜错开一个管径，以方便管内清扫、坡口清理以及起吊。吊管机布管吊运时，宜单根管吊运。进行双根或多根管吊运时，应采取有效的防护措施，以防损伤防腐层。布管及组装焊接时，管道的边缘至管沟边缘应保持一定的安全距离，其值应符合表 2-6 的规定。

表 2-6 管道边缘与管沟边缘的安全距离 y

土壤类别	干燥硬实土	潮湿软土
y/m	≥1.0	≥1.5

管墩中心至管沟中心的距离应按式（2-6）、式（2-7）计算：

$$S \geqslant D_{\mathrm{m}} + K/2 + a + \gamma \quad (2\text{-}6)$$

$$a = h/i \quad (2\text{-}7)$$

式中 S——管墩（组装管线）中心至管沟（线路）中心的距离，m；

D_{m}——钢管的结构外径，m；

K——沟底加宽余量，m（按表2-4取值）；

a——管沟边坡的水平投影距离，m；

h——沟深，m；

i——边坡坡度（按表2-3取值）；

γ——安全距离，m（按表2-6取值）。

（2）沟下布管

沟下焊接时布管根据管沟成型后，要根据现场不同的情况因地制宜，采用相应的沟下布管方式，具体布管方法可分为下列几种：

①管沟坡度≤15°时，用吊管机沿施工作业带直接将钢管布在管沟内，用袋装土作管墩，管墩高度根据实际地形需要设置。沟下布管，管子首尾应留有100mm左右的距离，并将管子首尾错开摆放，如图2-9所示。

②15°＜管沟坡度≤30°时，开凿Z字形便道和操作平台，利用吊管机沿施工作业带布管，在布管过程中要考虑吊管机的防滑措施，如使用楔形架等。

③管沟坡度≥30°时，吊管机无法行走，坡顶安装卷扬机，底部搭设预制平台，管材布放在坡底，管道在坡底进行预制，采取边预制边牵引的施工方式，并采取措施防止滚管和滑管，如图2-10所示。

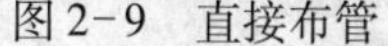

图2-9 直接布管

图2-10 边预制边布管

④因山区地段弯头、弯管多，为了减少现场施工调管工作量，在布管前应根据管沟开挖测量结果进行选管，并对管段和弯管、弯头进行编号，现场布管时应按照编号和测量结果表进行对号入座。

2.7 管线组对和焊接

(1) 管线组对

根据不同地形，管线的组对形式分为内对口器组对和外对口器组对两种方式。如图2-11、图2-12所示。

图2-11 气动内对口器

管线组对前需对管线进行以下检查：

①运至现场的防腐管应检查管口坡口，管端坡口如有机械加工形成的内卷边，应用锉刀或电动砂轮清除整平，管道连头处的坡口可采用机械切割或气割。

②严禁采用锤击方法强行管口矫正。连头时不得强行组对焊接。

③管道坡口的加工宜采用机械方法，如果用气割等热功当量加工方法时，必须除去坡口表面的氧化皮，并进行打磨。

④管口组对前应将管端10mm范围内用汽油或清洗剂清除油污，用磨光机清除铁锈、毛刺等，钝边、坡口及盖面焊压边部分打磨露出金属光泽。

⑤在管道组对焊接起始端、每天管道组焊末端以及待连头的管口必须在开口端装上一个管帽，管帽不允许点焊在管子上，管帽应具备防止泥水进入管内的基本功能，除此，在外管道的焊接过程中管帽还要具备一定防护作用，防止动物、无关人员进入管道造成事故。如图2-13所示为某站内管道施工管线末端管口保护。

图2-12 外对口器

图2-13 站内末端管口保护

⑥管口组对采用内对口器，如图 2－14 所示，连头地段采用外对口器，如图 2－15 所示。

图 2－14　管线内对口

图 2－15　管线外对口

（2）管线焊接

管道焊接作为管道施工的主要技术获得了长足发展，其现场焊接的高效率和安全可靠性在每条管道的建设中都占着举足轻重的作用。从国内 20 世纪 50 年代第一条长输管道建设开始，至今已有半个世纪，国内管道现场焊接施工大致经历了焊条电弧焊上向焊、焊条电弧焊下向焊、半自动焊、自动焊和全自动焊接方式等五个发展过程。

焊条电弧焊下向焊是 90 年代初国内长输管道普遍采用的一种焊接工艺方法，突出优点是大电流、高焊速，焊接效率高。目前，焊条电弧焊下向焊主要用于焊接位置较为困难的地段和焊接设备难以进入的地段。

半自动焊是电焊工手持半自动焊枪施焊，由送丝机构连续送丝的一种焊接方式。由于连续送丝节省了更换焊条等辅助工作的时间，熔敷速度高，同时减少了焊接接头，减少了焊接收弧换和引弧所产生的焊接缺陷，提高了焊接合格率，是目前长输管道主要的焊接方式。如图 2－16、图 2－17 所示。

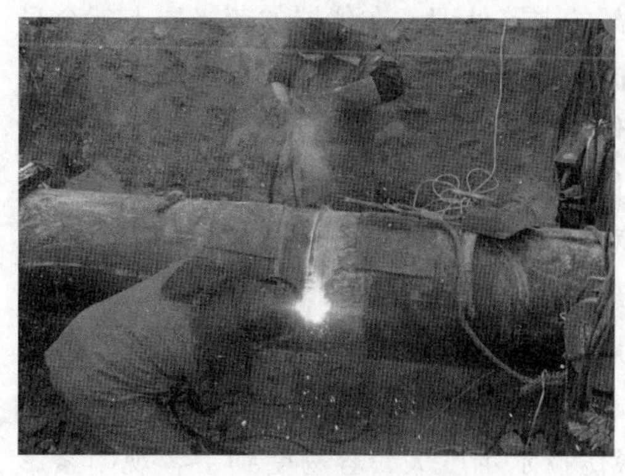

图 2－16　地下半自动焊

图 2－17　地上半自动焊

全自动焊是借助于机械和电气、自控的方法使整个焊接过程实现自动化，人工主要从事监控作业。国内从西气东输工程开始，进行了自动焊的大面积应用。

焊接工艺评定应符合《钢质管道焊接及验收》（SY/T 4103）的有关规定。

2.8 无损检测

管道的焊接质量直接影响到管道的使用安全，由于焊接缺陷的存在减少了焊缝的承载面积，削弱了静力拉伸强度，缺口顶端会发生应力集中和脆化现象，可能造成管道泄漏，埋下安全隐患。轻者在很大程度上减低管道的力学性能，使之承载的压力大幅下降；重者会使管道焊缝产生断裂、泄漏，导致危及生命财产安全的灾难性事故，给国民经济带来巨大的损失。按照管道工程有关规范，管线在投用前必须进行无损检测，合格后方可投入使用。

无损检测（Nondestructive Testing，NDT）是在不损坏工件或原材料工作状态的前提下，对被检验部件的表面和内部质量进行检查的一种检测手段。主要有射线照相法（RT）、超声波检测（UT）、磁粉检测（MT）、渗透检测（PT）、涡流检测（ET）、目视检测（VT）和泄漏检验（LT）等方法。

常用的两种检测方法是超声波检测（Ultrasonic Testing，UT）、射线检测（Radiographic Testing，RT）。

2.8.1 超声波 UT 检测

频率高于 20000Hz 的弹性波叫做超声波。人耳无法感知超声波，但超声波在固体中的传输损失很小，探测深度大，由于超声波在异质界面上会发生反射、折射等现象，尤其是不能通过气体固体界面。如果金属中有气孔、裂纹、分层等缺陷（缺陷中有气体）或夹杂，超声波传播到金属与缺陷的界面处时，就会全部或部分反射，基于这一特性产生了超声波探伤仪，其中脉冲反射式超声波探伤仪应用最为广泛。

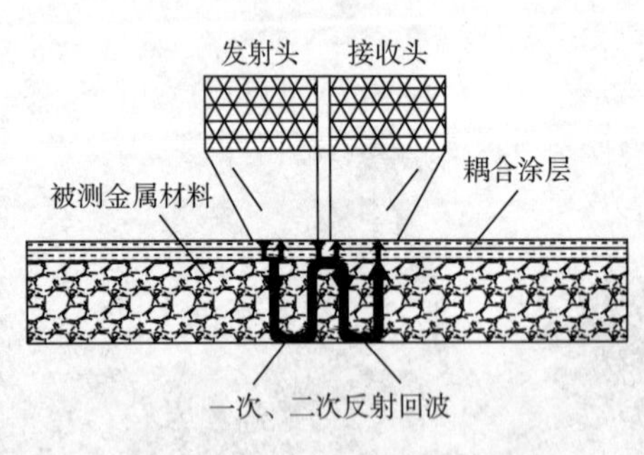

图 2-18 双晶探头工作原理

探伤仪的接收探头接收反射回来的超声波，通过内部的电路处理，在仪器的荧光屏上就会显示出不同高度和有一定间距的波形。可以根据波形的变化特征判断缺陷在工件中的深度、位置和形状。目前常用的探头为双晶探头，它是将发射传感器和接收传感器集成在一起的一种探头，其工作原理如图 2-18 所示。

超声波探伤优点是检测厚度大、灵敏度高、速度快、成本低、对人体无害，能对缺陷进行定位和定量。超声波探伤对缺陷的显示不直观，探伤技术难度大，容易受到主客观因素影响，以及探伤结果不便于保存，超声波检测对工作表面要求平滑，要求富有经验的检验人员才能辨别缺陷种类、适合于厚度较大的零件检验，使超声波探伤也具有其局限性。

焊缝超声波检测如图 2-19 所示。

2.8.2 射线RT检测

射线检测是指用X射线或者γ射线穿透试件，以胶片作为记录信息的器材的无损检测方法，该方法是最基本的、应用最广泛的一种非破坏性检验方法。

射线能穿透肉眼无法穿透的物质使胶片感光，当X射线或者γ射线照射胶片时，与普通光线一样，能使胶片乳剂层中的卤化银产生潜影，由于不同密度的物质对射线的吸收系数不同，照射到胶片各处的射线能量也就会产生差异，便可根据暗室处理后的底片各处黑度差来判别缺陷。

RT的特性是定性更准确，有可供长期保存的直观图像，总体成本相对较高，而且射线对人体有害，检验速度会较慢，如图2-20所示。

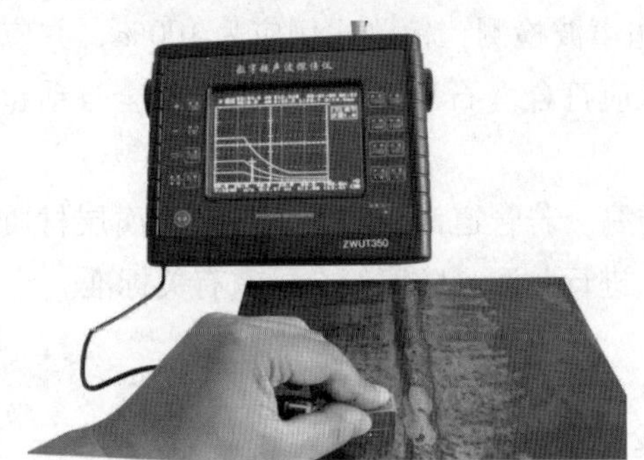

图2-19 焊缝超声波检测

图2-20 RT检测焊缝

2.8.3 无损检测规范

进行无损检测前焊缝需要进行外观检测，检测合格后方可进行无损检测，标准参照GB 50369中10.3.1所述。

无损检测应符合《石油天然气管道工程全自动超声波检测技术规范》（GB/T 50818）和《石油天然气钢质管道无损检测》（SY/T 4109）的规定，射线检测及超声波检测的合格等级均应为Ⅱ级。

（1）输油管道的检测方法及比例应符合下列规定：

①无损检测首选射线检测和超声波检测。

②采用射线检测检验时，应对焊工当天所焊焊缝全周长以不少于30%的比例进行射线检测。

③采用超声波检测时，应对焊工当天所焊焊缝全部进行100%检查，并对其中10%环焊缝的全周长用射线检测复验。

④对通过居民区、工矿企业和穿越、跨越大中型水域、一二级公路、铁路、隧道的管道环焊缝，以及所有碰死口焊缝，应进行100%超声波检测和射线检测。

（2）输气管道的检测方法及比例应符合下列规定：

①无损检测首选射线检测和超声波检测。

②所有焊接接头应进行全周长100%无损检测。

③焊缝表面缺陷应选用磁粉或者液体渗透检测。

④当采用超声波对焊缝进行无损检测时，应按下列比例采用射线检测对每个焊工或流水作业焊工组当天完成的全部焊缝进行复检：一级地区中的5%，二级地区中焊缝的10%，三级地区中焊缝的15%，四级地区中焊缝的20%。

⑤穿越、跨越水域、公路、铁路的管道焊缝，弯头与直管段焊缝及未经试压的管道碰死口焊缝，均应进行100%超声波检测和射线检测。

（3）射线检测复验、抽查中，有一个焊口不合格，应对该焊工或流水作业焊工组在该日或该检查段中焊接的焊门加倍检查，如再有不合格的焊口，则对其余的焊口逐个进行射线检测。

（4）管道采用全自动焊时，宜采用全自动超声波检测，检测比例应为100%，并应进行射线检测复验。全自动超声波检测的合格标准应符合《石油天然气管道工程全自动超声波检测技术规范》（GB/T 50818）的规定。

管道焊口检测合格后，按照有关标准进行防腐。若管道为防腐管，按照防腐层材质进行焊缝的补口，若管道为裸管，应按照施工要求进行防腐，防腐符合国家有关标准。

2.9 管道固定及回填

（1）管道固定

当管道存在以下情况时，需考虑对管道采取固定措施。

①当输油管道的设计温度同安装温度之差较大时，宜在管道出土端、弯头、管径改变处以及管道和清管器收发装置连接处，根据计算设置锚固设施，或采取其他能够保证管道稳定的措施。

②当管道翻越高差较大的长陡坡、穿跨越河流，应考虑管道的稳定性。

③当输油管道一侧临近冲沟或者陡坎时，应对冲沟的边沟底和陡坎采取加固措施。图2-21为混凝土浇筑的锚固墩现场。

图2-21 现浇锚固墩

锚固墩预制件的尺寸、规格、材质应符合设计要求。焊接时不得损伤管道母材。焊接后打磨棱角、毛刺，清除焊渣和表面锈蚀，手工除锈按照《输油输气管道线路工程施工及验收规范》(SY 0401) 中 11.3 的规定：除锈等级达到《涂装前钢材表面锈蚀等级和处理等级》(GB/T 8923.1) 中规定的 St3 级，并按照要求防腐绝缘。喷砂除锈按照 (GB 50369) 中 16.3.3 的规定：除锈等级达到《涂装前钢材表面处理规范》(SY/T 0407) 中规定的 Sa1 级，并按照要求防腐绝缘。锚固墩及其以外 2m 范围内的管道防腐层经电火花检漏合格后方可浇筑混凝土，并应加强养护。

(2) 管道回填

①一般地段管道下沟后应在 10 天内回填。不能及时回填的管道应采取防止滚管的措施。回填前，如沟内积水无法完全排除，在完成回填时，应使管子不致浮离沟底。山区易冲刷地段、高水位地段、人口稠密区及雨期施工等应立即回填。管沟回填前宜将阴极保护测试引线焊好并引出地面，或预留出位置暂不回填。

②管沟回填土作业应符合下列规定：

回填岩石、砾石、冻土段的管沟时，应在沟底先铺设 300mm 细土或砂垫层。然后用细土或砂回填至管顶以上 0.3m 后，方可用原状土回填，回填土中的岩石和碎石块最大粒径不应超过 250mm。

管顶和管底用的细土或砂的最大粒径应根据外防腐涂层的类型确定；对于三层结构聚乙烯、三层结构聚丙烯和双层环氧粉末外防腐涂层，最大粒径不宜超过 20mm，且应保证良好的颗粒级配；对于其他涂层，最大粒径不宜超过 10mm。

一般地段的管沟回填，应留有沉降余量，回填土宜高出地面 0.3m 以上。对于回填后可能遭受地表汇水冲刷或浸泡的管沟，回填土应压实，压实系数不宜小于 0.85，并应满足水土保持的要求。耕作土地段的管沟应分层回填，应将表面耕作土置于最上层。

对于其他情况，输油管道可参照《输油管道工程设计规范》(GB 50253) 有关要求，输气管道可参照《输气管道工程设计规范》(GB 50251) 有关要求。

③在管道上方 500mm 处，应放置管道标识带，标识带上应注明管理单位、联系电话，字体朝上。管沟管道的端部，应留出 50 倍管径且不小于 30m 管段暂不回填，如图 2-22 所示。

④覆土应与管沟中心线一致，其宽度为管沟上开口宽度，并应做成有规则的外形。管道最小覆土层厚度应符合设计要求。

图 2-22　管道回填

2.10 管道三桩一牌和水工保护

(1) 三桩一牌

管道覆土完成后，按照《管道干线标记设置技术规定》(SY/T 6064) 的规定，同时可以参照《输油管道工程设计规范》(GB 50253) 设置“三桩一牌”，即里程桩（测试桩)、转角桩、标志桩和警示牌等。

里程桩（测试桩)、转角桩、标志桩应进行检查验收，表面应光滑平整，无缺棱掉角，尺寸允许偏差为±10mm，混凝土强度达到设计要求。油漆涂刷应均匀一致，埋设位置和深度应符合设计要求。

里程桩（测试桩）应标记管线名称、里程数、管理单位名称、电话号码等。通常情况每1km设置一个，特殊情况下可隔桩设置，里程桩和阴极保护测试桩可合二为一。

转角桩应标记转角方向示意符号、位置里程、转角度数等。设置在管道改变方向处，位于管道中心线的转角处左侧。

标志桩包括加密桩、穿越桩、交叉桩以及管道沿线设有固定墩、牺牲阳极、杂散电流排流设施、辅助阳极地床及其他地下附属设施处设置的设施桩等。

警示牌应标记管道名称、管理单位、电话号码、安全警示语。通常设置在管道穿跨越人工或天然障碍物、人口居住、工业建设等区域的穿跨越处两侧及地下建（构）筑物附近。通航河流、近海管道等穿跨越工程必须设置警示牌。

“三桩一牌”的结构样式参照SY/T 6064附录。

(2) 管道水工保护

①管道通过以下地段时应设置水工保护措施：

采用开挖方式穿越河流、沟渠地段；

顺坡敷设和沿横坡敷设地段；

通过田坎、地坎地段；

通过不稳定边坡和危岩段。

②顺坡敷设地段管道水工保护设计应符合下列规定：

依据管道纵坡坡度和管沟地质条件，设置管沟内截水墙，截水墙的间距宜为10~20m；

依据边坡坡度，在坡角处设置护坡或挡土墙防护措施；

宜依据边坡坡顶汇流流量，在坡顶设置地表截、排水沟。截水沟距坡顶边缘不宜小于5m，排水沟应利用原始坡面沟道，出水口不对管道、耕地及邻近建（构）筑物形成冲刷。

③横坡敷设地段管沟和作业带切坡面应保持稳定，水工保护根据实际综合布置坡面截、排水系统和支挡防护措施。

④管道通过田坎、地坎地段时，可采取浆砌石堡坎、干砌石堡坎、加筋土堡坎或袋装土堡坎结构形式进行防护，堡坎宽度不应小于施工作业带宽度。

⑤管道通过不稳定边坎或危岩地段时，应根据不稳定边坡的下滑力和危岩坠落的冲击

力，采取边坡支挡、加大管道埋深或采取覆盖物等措施进行保护。

⑥管道通过易受水流冲刷的河、沟岸时，应采取护岸措施。护岸宽度根据实际地质条件确定，且不应小于施工扰动岸坡的宽度。护岸顶高出设计洪水位（含浪高和壅水高）不应小于0.5m。

⑦河流、沟渠穿越地段的水工保护设计应符合《油气输送管道穿越工程设计规范》（GB 50423）的有关规定。其中不尽之处，输油管道可参照《输油管道工程设计规范》（GB 50253）有关要求，输气管道可参照《输气管道工程设计规范》（GB 50251）有关要求。

⑧水工保护施工具体图样结构参照《混凝土结构设计规范》（GB 50010）、《砌体结构设计规范》（GB 50003）、《建筑边坡工程技术规范》（GB 50330）、《建筑结构荷载规范》（GB 50009）、《水工混凝土结构设计规范》（SL/T 191）等规范要求。

2.11　管道清管、测径和试压

一般情况下，新投用管道在投用前必须进行清管、测径和试压作业。定向钻法穿越施工的管段回拖前应进行清管、测径、试压，回拖后应进行测径及严密性试验。水域的大、中型穿越采用开挖法施工的管段隐蔽前应进行清管、测径、试压，隐蔽后应进行测径及严密性试验。

2.11.1　管道清管

首次清管应采用清管球（器）进行清管，次数不少于两次。若采用分段清管应设置临时清管收发装置，清管接收器应设置在地势较高的地方，50m内不得有居民和建筑物。

使用清管球清管，清管球冲水后直径过盈量应为管内径的5%～8%。

清管前，应确认清管管段内线路截断阀室处于全开状态。清管时的最大压力不得超过管线设计压力。

首次清管宜采用清管球或者弹性较好的聚氨酯泡沫清管器，先探明管道无较大异常后，再使用皮碗清管器、测径清管器等进行后续的检测工作，防止卡球事故的发生。常用清管器如图2-23所示，从左至右依次为清管球、泡沫清管器、皮碗直板清管器、皮碗直板测径清管器。

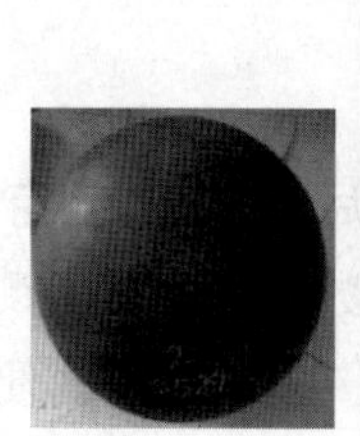

图2-23　常用清管器

同时为了防止清管作业时，偶尔会发生检测器和清管器的丢失或卡阻等意外事故，对于深埋于地下或海水中的管道，多采用基于超低频电磁场的电子定位方法。目前，国内如沈阳永业实业有限公司、鑫联石化设备有限公司、哈尔滨工业大学等已经研制成功了相关产品。沈阳鑫联石化设备有限公司生产的 XLFS－001 型低频信号发射仪如图 2－24 所示，XLTG－001A 型通过指示仪和 XLJS－001A 型定位接收仪如图 2－25 所示。

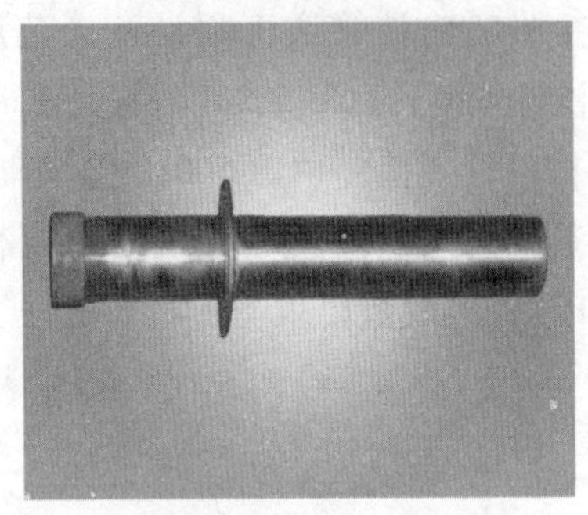

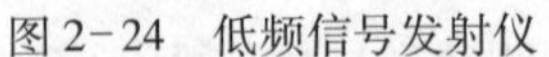

图 2－24　低频信号发射仪

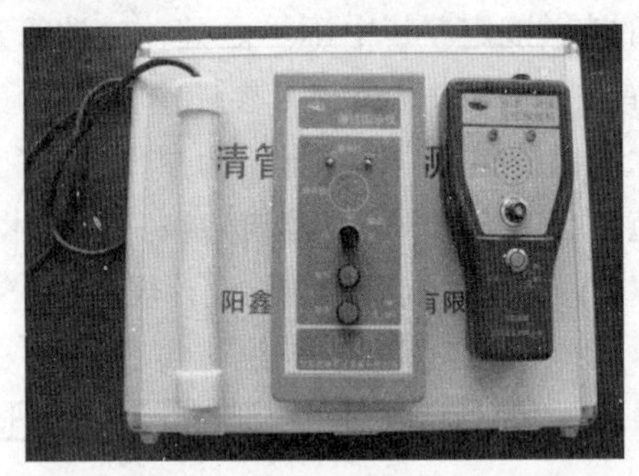

图 2－25　通过指示仪和定位接收仪

图 2－26 为清管器电子定位的示意图，低频信号发射仪通常安装在清管器的尾端，它采用内置电池供电，全金属密封。一旦发射仪装入电池，就开始进入工作状态，沿管道轴向发射出 20Hz 左右的低频信号，低频信号的穿透力极强，可以穿透地面几十米甚至更深。通过指示仪和定位接收仪的信号来自一个大电感线圈，称之为探测器，工作时其轴向应与管道平行，并置于管道正上方。通过指示仪和定位接收仪检测到 20Hz 的低频信号后，发出声光报警，两者唯一不同的是通过指示仪只要检测到一次 20Hz 的低频信号后就发出报警并锁定报警，而定位接收仪只有接收到信号才发出报警。由于检测仪内置专用电子滤波器，保证了检测信号不易被其他信号干扰。

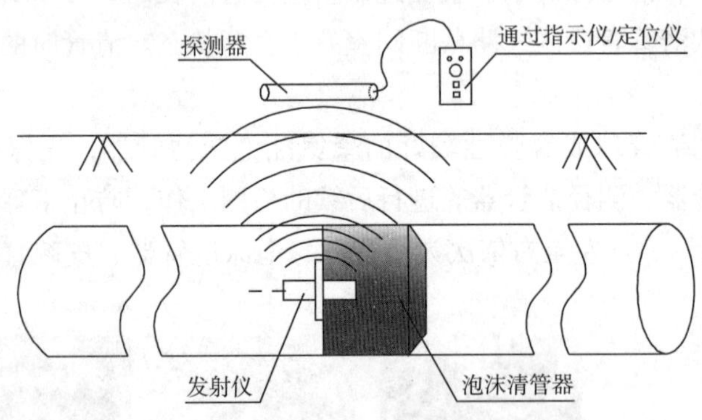

图 2－26　清管器电子定位示意图

为了解清管器在管道内的运行情况，清管器从发球筒发出后，需要使用清管器跟踪监测设备对其进行跟踪。一般情况下，预先在管道沿线选定一定数量的固定监测点，监测点的选择一般为截断阀室附近、地势平坦管道埋深较浅的地段。这种地段既便于巡线工监测，同时管线的里程相对准确，保证理论计算的监测时刻更接近实际。

在已知管线有关参数的情况下，利用单位时间容积相等的关系可以计算出清管器在管道中运行的平均速度和到达指定监测点的理论用时，不妨设到达指定监测点的距离为 L，单位为 m，则有：

$$V=4Q/[\pi\times(D-2\delta)^2] \tag{2-8}$$

$$T=L/V \tag{2-9}$$

式中　D——管线直径，m；

δ——管道壁厚，m；

Q——平均输量，m^3/h；

V——清管器运行的平均速度，m/h；

T——理论用时，h。

假设清管器从发球筒被顶出时刻，即清管指示仪记录的当前时刻为 T_0，则清管器实际到达指定监测点的实际时刻为 T_0+T。实际应用中，这种理论计算方法与实际用时存在提前或滞后情况，那是因为公式中未考虑到管道沿程摩阻、管道形变、水利变化、距离测量不准确等因素的影响。

2.11.2　管道测径

依据 GB/T 16805 中 9.1 的规定，通常情况下，新建管道采用普通测径清管器检测试压管段是否存在变形损坏或椭圆度超标。测径板可使用铝板制作，铝板的厚度宜为 10～12mm。当管径小于或等于 100mm 时不宜测径；当管径大于 100mm 且小于或等于 350mm 时，测径板的直径宜为管道最小理论内直径的 85%；当管径大于 350mm，且小于或等于 850mm 时，测径板的直径宜为管道最小理论内直径的 90%；当管径大于 850mm 时，测径板的直径宜为管道最小理论内直径的 95%。清管测径原理如图 2-27 所示。

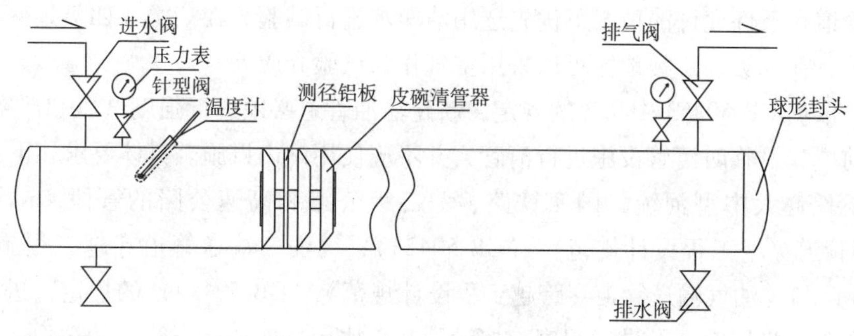

图 2-27　清管测径示意图

2.11.3　水压试验

水压试验应符合《液体石油管道压力试验》（GB/T 16805）的有关规定。

分段水压实验的管段长度不宜超过 35km，试压管段的高差不宜超过 30m；如超过 30m 参照 SY/T 0401 有关规定。

架空输气管道采用水压试验前，应核算管道及其支撑结构的强度，必要时应临时加固，防止管道及其支撑结构受力变形。

试验宜在环境温度5℃以上进行，否则应采取防冻措施。试压合格后，应将管段内积水清扫干净。

依据GB 50369中14.3.5的规定，输油、输气管道分段水压试验的压力值、稳压时间及允许压降值应符合表2-18的规定。

表2-18　水压试验压力值、稳压时间及允许压降值

分　类		强度试验	严密性试验
输油管道一般地段	压力值/MPa	1.25倍设计压力	1.10倍设计压力
	稳压时间/h	4	4
输油管道大中型穿越、跨越及管道通过人口稠密区	压力值/MPa	1.50倍设计压力	设计压力
	稳压时间/h	4	24
一级地区输气管道	压力值/MPa	1.10倍设计压力	设计压力
	稳压时间/h	4	24
二级地区输气管道	压力值/MPa	1.25倍设计压力	设计压力
	稳压时间/h	4	24
三级地区输气管道	压力值/MPa	1.40倍设计压力	设计压力
	稳压时间/h	4	24
四级地区输气管道	压力值/MPa	1.50倍设计压力	设计压力
	稳压时间/h	4	24
合格标准		压降不大于1%试验压力值，且不大于0.1MPa	

输气管道在条件允许的情况下优先选用洁净水进行试验，在三类、四类地区必须使用水进行试验，在一类、二类地区可以采用空气作为试验介质。

除此，依据GB 50253中9.2的规定，新建输油管道必须进行强度试压和严密性试验，但在试压前应先设临时清管设施进行清管，并不应使用站内设施。具体要求如下：

（1）穿跨越大中型河流、国家铁路、一二级公路和高速公路的管段，试压应符合《油气输送管道穿越工程设计规范》（GB 50423）、《油气输送管道穿越工程施工规范》（GB 50424）和《油气输送管道穿跨越工程设计规范》（GB 50459）的规定，进行单独试压，试验压力、稳压时间及试压程序应按设计文件执行，单独试压管段的选取，应便于和两侧线路管段连头，不应位于弯管连接处。试压合格后再同相邻管段连接。

（2）壁厚不同的管段应分别试压。在不同壁厚相连的管段中，当薄管壁管段上的任意点在试压中的环向应力均不超过0.9倍最小屈服强度时，可与厚管壁段管道一同试压。

（3）用于更换现有管道或改线的管段，在同原有管道连接前应单独试压，试验压力不应小于原管道的试验压力。同原管道连接的焊缝，应采用100%射线探伤和100%超声波探伤检查。

（4）输油站内的工艺设备和管线应单独进行试压，不同压力等级的管道系统应分别试压。

（5）试压介质应采用无腐蚀性的清洁水。

（6）原油、成品油管道和输油站强度试压和严密性试压应符合下列规定：

①输油管道一般地段的强度试验压力不应小于管道设计内压力的 1.25 倍。通过人口稠密区的管道强度试验压力不应小于管道设计内压力的 1.5 倍；管道严密性试验压力不应小于管道设计内压力。强度试验持续稳压时间不应小于4h；当无泄漏时，可降低压力进行严密性试验，持续稳压时间不应小于 24h。

②输油站内管道及设备的强度试验压力不应小于管道设计内压力的 1.5 倍，严密性试验压力不应小于管道设计内压力。强度试验持续稳压时间不应小于 4h；当无泄漏时，可降低压力进行严密性试验，持续稳压时间不应小于 24h。

③强度试压时，管线任一点的试验压力与静水压力之和所产生的环向应力不应大于钢管的最低屈服强度的 90%。

④分段试压合格的管段相互连接的碰死口焊缝，应采用 100% 射线探伤和 100% 超声波探伤检查，并确认合格，全线接通后可不再进行试压。

根据 GB/T 16805—10 有关规定，液压法升压稳压过程如图 2-28 所示。

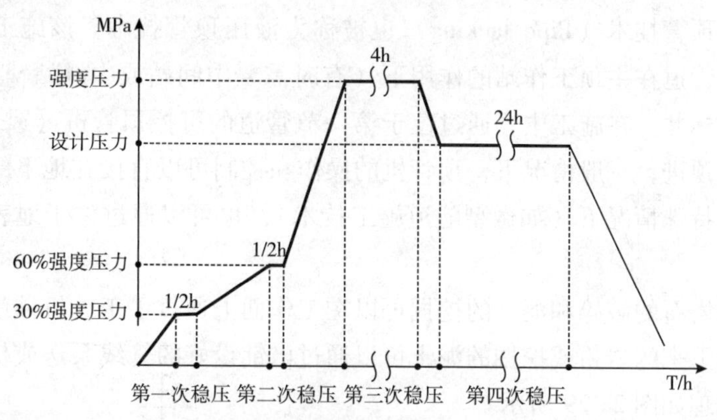

图 2-28　液压法升压稳压图

强度试验压力应均匀缓慢上升，当试验压力大于 3.0MPa 时，宜分三次进行升压，压力分别为 30%、60% 的压力时，应分别稳压 30min，并应对管道进行全面检查后，继续升压至试验压力。严密性试验应在强度试验合格后，将管内压力降到设计压力，并应保持管内介质温度和管道周围大气温度均衡后，进行严密性检查。

2.12　非开挖穿越施工技术

在埋地管道的施工中，遇到穿越河流、公路、铁路与障碍物时，常规的开挖方法存在许多问题，“非开挖”敷设地下管道是当今管道工程推行的一种先进施工方法，在国内得到了广泛使用。

非开挖技术（Trenchless Technology）是近二十年来国际上新兴的一种对环境无公害的地下管线施工技术，是指利用岩土钻掘手段在地表不挖沟的情况下，铺设、修复和更换地下管线的施工技术。

国际非开挖协会给非开挖技术的定义是：Trenchless Technology is the science of installing，repairing or renewing underground pipes，ducts and cables using techniques which minimize or eliminate the need for excavation，sometimes also called“No-Dig”.

非开挖技术被广泛应用于穿越公路、铁路、建筑物、河流以及在闹市区、古迹保护区、农作物和环境保护区等不允许或不能开挖条件下进行煤气、电力、供排水管道、电讯、有线电视线路、天然气管道等的铺设、更修和修复。由于该技术的综合成本低、施工周期短、环境影响小、不影响交通、施工安全性好等优势日益受到人们的青睐，在市政给排水管线、通讯电缆、燃气管道及电力电缆等地下管线工程施工中得以广泛应用。

非开挖技术包括顶管和微型隧道施工技术、非开挖定向和导向钻进管道铺设技术、盾构技术、跨越技术、夯管技术等。

2.12.1 顶管技术

在文献中，顶管技术（Pipe Jacking）也被称为液压顶管技术。该施工方法的实质就是，所要顶进的管道在主顶工作站的作用下（有时需要中间站或中继站辅助），由始发井始发，顶进至目标井。在施工中，通过位于第一节管道的可控顶管机（或盾构机），可以实现直线或曲线顶进，一般情况下，顶管机的操作和控制可以直接在地下的工作现场由操作人员来完成，特殊情况下（如微型隧道施工技术），也可以通过位于地表的控制台进行遥控。

顶管过程中岩石的破碎和泥土的挖掘可以在工作面上通过手工、机械或者水力的方法分部进行，破碎下来的岩粉或挖掘的泥土可以通过已铺设好的管线泵送或机械运输运至地表。顶管施工原理如图 2-29 所示。

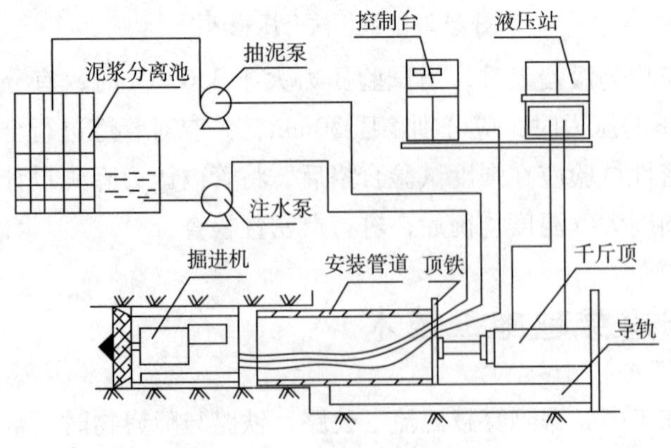

图 2-29　顶管施工示意图

具体的顶管技术是指首先采用顶管掘进机（Cutting Shield）成孔，然后将人可进入的尺寸大小的管道从顶进工作坑（Drive Shaft）顶入以形成连续衬砌的管道非开挖铺设技术。顶管施工对管段的截面形状没有特殊要求，但通常以圆形截面居多，也可以是方形的（如箱涵），如图2-30所示。

图2-30　顶管施工

2.12.2　定向钻技术

近年来，非开挖管道定向钻穿越在我国发展迅速，技术上日臻成熟，定向钻在非开挖管道穿越技术行业中得到了广泛的应用。在我国，2002年2月以一次穿越总长为2308m、直径273m的穿越钱塘江的记录，创世界最长穿越记录；著名的西气东输工程共使用定向钻穿越河流36条，其中最长的穿越是在吴淞江的穿越，一次穿越长度为1150m、直径为1016mm。由于定向穿越施工应用十分广泛，使得定向钻技术得到了长足的进步与发展。国际上已具有多种硬岩施工方法，如泥浆马达、顶部冲击、双管钻进，能进行软、硬岩层的施工。

定向钻施工的特点是在不清除地面障碍物的情况下，管道从障碍物的底部地下穿越，与其他管线铺设方法相比它对环境影响小，障碍物下管线覆盖深度大，对管线保护的效果好。由于不需要清除地上障碍物，并且施工现场恢复工程量较小，可以减少工程建设投资。但是管线采用定向钻穿越施工要受许多条件的制约，在穿越过程中存在不可预测的因素，一旦穿越失败将带来不可挽回的损失。

管道定向钻穿越包含钻导向孔、扩孔和管线预制、回拖等步骤，钻导向孔是沿着穿越曲线钻出一个小直径的孔，然后采用不同规格的扩孔器对导向孔进行一遍或多遍扩孔，以达到需要的孔径，最后将预制完的成品管线回拖入孔内，在全部施工过程中泥浆起非常关键的作用，如图2-31、图2-32所示。

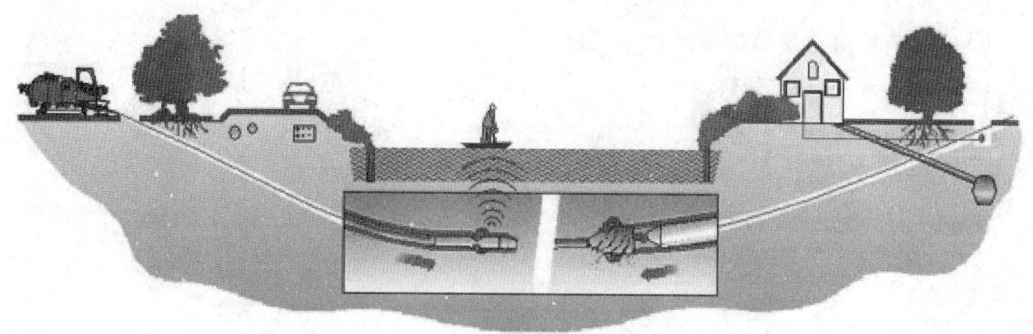

图2-31　定向钻示意图

2.12.3 跨越施工技术

长输管道通常采用跨越的型式通过江、河、渠、山谷等障碍，所采用的跨越方式主要有直跨和管桥两种型式，其中已采用的管桥型式包括单跨或多跨连续梁式、八字钢架式、轻型托架式、桁架式、单管或组合拱式、悬索式、悬缆式、悬垂管式、斜拉索式以及各种混合式等。跨越型式的选择主要根据跨越长度、跨越处地质情况等因素确定。

图 2-33 为魏荆输油管道汉江跨越管桥，目前是我国最大的跨越管桥，全长 1045m，主跨度 500m，用 56 根直径为 25.5 ~ 52mm 钢索斜拉在 70m 高的两座铁塔上。从 1984 年底建成投产，至今安全运行 30 余年。

另外，管道河流穿越可分为有土围堰穿越、无土围堰开挖穿越和水下成沟、漂浮发送穿越等。

图 2-32　西气东输二线定向钻施工

图 2-33　汉江跨越管桥

练习题

(1) 简述长输管道施工的基本程序。

(2) 常用的无损检测方法有哪些？

(3) 列举常用清管器的名称及用途。

(4) 什么是非开挖技术？

第3章 管道腐蚀

从广义上讲，腐蚀是材料和环境相互作用而导致的失效。这个定义包含了所有的天然和人造材料，例如塑料、陶瓷和金属。通常所研究的腐蚀是金属的腐蚀，金属腐蚀是金属与周围介质发生化学或电化学作用所引起的金属损失的现象和过程。

3.1 金属腐蚀的分类

（1）按腐蚀过程分，主要有化学腐蚀和电化学腐蚀。化学腐蚀是金属和环境介质直接发生化学作用而产生的损坏。在一定条件下，非电解质中的氧化剂直接与金属表面的原子相互作用，即氧化还原反应是在反应粒子相互作用的瞬间于碰撞的那一个反应点上完成的。在化学腐蚀过程中，电子的传递是在金属与氧化剂间直接进行，因而没有电流产生。例如金属在高温空气或氯气中的腐蚀，非电解质对金属的腐蚀等。引起金属化学腐蚀的介质不能导电。

电化学腐蚀是金属在电解质溶液中发生电化学作用而引起的损坏，在腐蚀过程中有电流产生。引起电化学腐蚀的介质都能导电。例如，金属在酸、碱、盐、土壤、海水等介质中的腐蚀。电化学腐蚀与化学腐蚀的主要区别在于它可以分解为两个相互独立而又同时进行的阴极过程和阳极过程，而化学腐蚀没有这个特点。电化学腐蚀比化学腐蚀更为常见和普遍。

（2）按金属腐蚀破坏的形态和腐蚀区的分布，分为全面腐蚀和局部腐蚀。全面腐蚀是指腐蚀分布于整个金属的表面。全面腐蚀有各处的腐蚀程度相同的均匀腐蚀；也有不同腐蚀区腐蚀程度不同的非均匀腐蚀。例如，在用酸洗液清洗钢铁、铝设备时发生的腐蚀，以及金属在大气中的锈蚀，一般都属于均匀腐蚀。集中在金属表面的某些区域称为局部腐蚀。通常情况腐蚀量不大，但是局部腐蚀速度很快，可以造成设备的严重破坏、强度减弱，甚至发生爆裂、爆炸，因此局部腐蚀的危害更大。例如孔蚀、缝隙腐蚀、应力腐蚀、晶间腐蚀、磨损腐蚀等。还有按腐蚀的环境条件把腐蚀分为高温腐蚀和常温腐蚀或者干腐蚀和湿腐蚀等。

3.2 管道化学腐蚀原理

根据介质的不同化学腐蚀又可分为气体腐蚀和在非电解质溶液中的腐蚀。气体腐蚀例如，金属裸露在空气中，与空气中的 CO_2、O_2、H_2S、SO_2、Cl_2 等接触时，在金属表面上生成相应的化合物。通常，金属在常温和干燥的空气里并不腐蚀，但在高温下就容易被氧化，生成一层氧化皮（由 FeO、Fe_2O_3、和 Fe_3O_4 组成），同时还会发生脱碳现象。此外，在油品中含有多种形式的有机硫化物，它们对金属输油管道也会产生化学腐蚀。

暴露在空气中的管道以 CO_2 腐蚀对管道的影响最为严重，它的特征是管道的局部产生点蚀、藓状腐蚀和台面状腐蚀。其中，台面状腐蚀是腐蚀过程最严重的。关于 CO_2 的腐蚀机理，一般都认为是溶解在水中的 CO_2 和水反应生成 H_2CO_3，之后再和 Fe 反应使之被腐蚀：$CO_2 + H_2O = H_2CO_3$、$Fe + H_2CO_3 = FeCO_3\downarrow + H_2\uparrow$，但是溶液中的 CO_2 绝大部分是以 H^+ 和 HCO_3^- 的形式存在的，因此生成物中大多数是 $Fe(HCO_3)_2$，它在高温下分解：$Fe(HCO_3)_2 = FeCO_3\downarrow + H_2O + CO_2\uparrow$。

实际上，腐蚀产物碳酸盐（$FeCO_3$、$CaCO_3$）或结垢产物膜在钢铁表面不同区域的覆盖程度不同，不同覆盖度的区域之间形成了自催化作用很强的腐蚀电偶，CO_2 的局部腐蚀就是这种腐蚀电偶作用的结果。这一机理也很好解释了水化学作用和在现场一旦发生上述过程时，局部腐蚀会突然变得非常严重等现象。

加热炉的重油中通常含有 2%~3% 的硫，由于燃烧而生成 SO_2 气体，在烟气中就会有约 0.2% 的 SO_2，其中 1%~2% SO_2 受灰分和金属氧化物等的催化作用而生成三氧化硫（SO_3），它再与燃烧气体中所含的水分（约 5%~10%）结合生成硫酸，在处于露点以下的金属表面凝结并腐蚀金属（即所谓硫酸露点腐蚀），其化学反应方程式如下：

$$S + O_2 \longrightarrow SO_2$$

$$2SO_2 + O_2 \longrightarrow 2SO_3$$

$$SO_3 + H_2O \longrightarrow H_2SO_4$$

图 3-1 为某输油站加热炉对流室弯头管的腐蚀情况。

图 3-1　某加热炉对流室弯头管腐蚀情况

另外，中东地区出产的原油大多以轻质原油为主，部分原油中溶解有 H_2S，而常温下硫化氢极易溶解于水形成氢硫酸或硫酸，会直接对管道造成腐蚀，释放出氢气。相似的情况也会发生在输气管道中，天然气中所含的液态水会吸附在管道内壁形成液膜，硫化氢溶入水膜使管道遭到腐蚀。

3.3　管道电化学腐蚀原理

腐蚀的基本原理是腐蚀原电池理论。由于不同金属本身的电偶序（即电位）存在着差别，当两种金属处于同一电解质中，并由导体连接这两种金属时，腐蚀电池就形成了。电流通过导体和电解质形成电流回路，此时两种金属之间的电位差越大，则电路产生的电压越大。腐蚀电池一旦形成，阳极金属表面不断地失去电子，发生氧化反应，使金属原子转化为正离子，形成以氢氧化物为主的化合物，也就是说阳极遭到了腐蚀；而阴极金属则相反，它不断地从阳极处得到电子，其表面因富集了电子，金属表面发生还原反应，没有腐蚀现象发生。

满足腐蚀电池的充分必要条件是：

（1）必须有阴极和阳极；

（2）阴极和阳极之间必须有电位差；

（3）阴极和阳极之间必须有金属的电流通道；

（4）阴极和阳极必须浸在同一电解质中，该电解质中有流动的自由离子。

从微观上分析，金属表面上分布着许多的杂质，其内部也有不同的组织、化学成分不同的区域，当金属与电解质溶液接触时，由于不同组织或区域之间的电极电位不同，则会形成许多的微小原电池，从而产生电化学腐蚀。

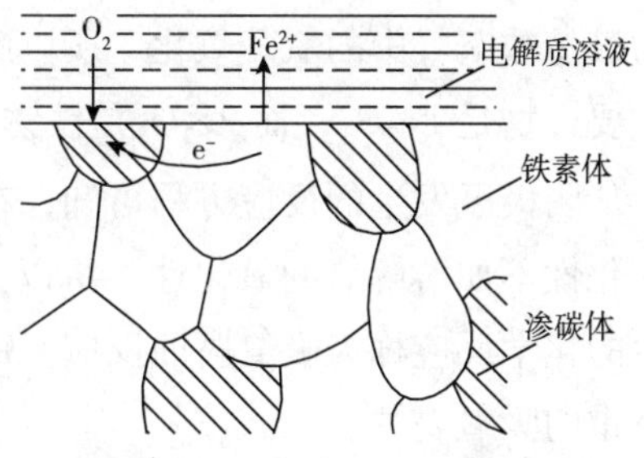

图3-2　非合金钢电化学腐蚀示意图

图3-2是非合金钢在潮湿空气中产生电化学腐蚀的示意图。非合金钢是由铁素体和渗碳体两相组成的。其中铁素体的电极电位较低，渗碳体的电极电位较高，在潮湿的空气中，当非合金钢表面蒙上一层电解质溶液时，由于两相互相接触而导通，因此便形成了许多的微小原电池，其中铁素体为阳极而被不断地腐蚀。

从宏观上分析，在埋地管道和环境构成的腐蚀电池中，土壤和水分充当了电解质，存在大量自由离子，由于金属管道的电化学不均一性，即实际生产中，同一根管道的不同位置的物理性质和化学性质不可能做到完全一样，使得接触同一电解质的任意两点存在电位差，即构成了腐蚀电池的阴阳极，而金属管道本体充当了电流通道，如图3-3所示。

腐蚀过程可表示如下：

阳极区、氧化反应：$Fe \longrightarrow Fe^{2+} + 2e^-$

$$Fe^{2+} + 2OH^- \longrightarrow Fe(OH)_2 \downarrow \text{（白色）}$$

$$4Fe(OH)_2 \downarrow + O_2 + 2H_2O \longrightarrow 4Fe(OH)_3 \downarrow \text{（红棕色）}$$

阴极区、还原反应：$O_2 + 2H_2O + 4e^- \longrightarrow 4OH^-$

$$2H^+ + 2e^- \longrightarrow H_2 \uparrow$$

$$2H_2O + 2e^- \longrightarrow H_2 \uparrow + 2OH^-$$

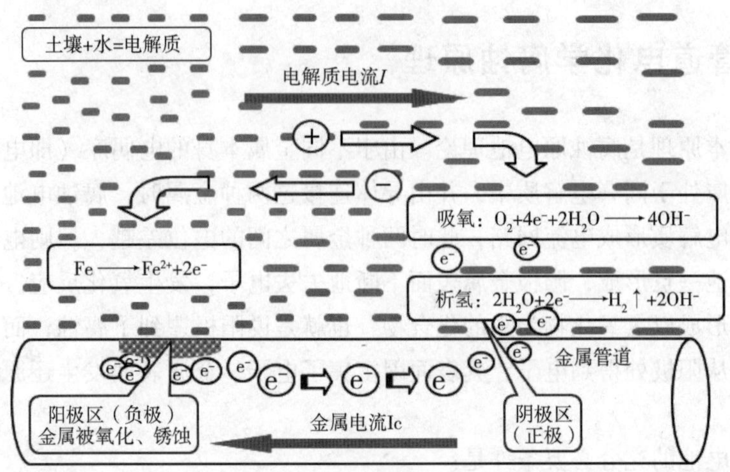

图 3-3　管道腐蚀电池结构

从阳极区发生的反应方程可知，金属铁失去电子后变成离子，易于环境中的 O_2、OH^- 反应产生红褐色沉淀（三价铁离子本身的颜色是黄褐色，氢氧化铁沉淀的颜色是红棕色。二价铁离子本身的颜色是淡绿色；氢氧化亚铁本身的颜色是白色沉淀，由于阳极区生成物极易被空气中的氧气氧化，所以颜色由白变为灰绿再到红棕或红褐），生成物脱水后的主要产物是 Fe_2O_3，而 Fe_2O_3 是铁锈的主要成分。

从阴极区发生的反应方程可知，在碱性和中性环境中，游离的 H^+ 离子很少，H^+ 离子的氧化性不如溶解氧的氧化性，所以大气中钢铁等金属主要的腐蚀形式是吸氧腐蚀反应，发生的化学反应称为吸氧腐蚀反应。锅炉、铁制水管等系统常含有大量的溶解氧，故常发生严重的吸氧腐蚀。

同样，可以解释管道大部分腐蚀发生在底部，由于管道底部土壤结构致密，溶解氧远低于上方土壤，故管道底部构成腐蚀电池的阳极受到腐蚀，如图 3-4 所示。

反之，在酸性环境中，大量游离的 H^+，易与来自阳极的电子结合生成 H_2 溢出，如果有足够的电子还会与水反应产生 OH^-，发生的化学反应称为析氢反应。析氢反应会造成管道片状腐蚀脱落或产生脆裂，如图 3-5 所示。

图 3-4　管道吸氧腐蚀

图 3-5　管道析氢腐蚀

练习题

（1）什么是金属腐蚀？

（2）金属腐蚀分为几类？

（3）简述金属电化学腐蚀原理。

（4）请列举2个实际生产中金属化学腐蚀、电化学腐蚀的例子。

第4章　管道防腐及质量检测

4.1　管道防腐分类

管道防腐指的是为减缓或防止管道在内外介质的化学、电化学作用下或由微生物的代谢活动而被侵蚀和变质的措施。分为主体防腐和补口焊口防腐。

防腐设计应符合现行国家标准《钢质管道外防腐层腐蚀控制规范》（GB/T 21447）的有关规定。涉及保温设计的参照《工业设备及管道绝热工程设计规范》（GB 50264）、《埋地钢质管道防腐保温层技术标准》（GB/T 50538）等标准规范的有关规定。

目前，国内应用较多的钢质管道防腐层有石油沥青、PE 夹克及 PE 泡沫夹克、环氧煤沥青、煤焦油瓷漆、环氧粉末、3PE 复合材料，以及环氧煤沥青冷缠带（PF 型）、橡塑型环氧煤沥青冷缠带（RPC 型）等聚乙烯胶粘带。

下面就石油沥青、环氧煤沥青、环氧粉末、3PE 复合材料、聚乙烯胶粘带等几种防腐层结构做进一步介绍。

4.1.1　石油沥青防腐层

石油沥青防腐原料广泛，价格低，但劳动条件差，质量难以保证，环境污染严重，一般情况不优先使用。技术标准参照《埋地钢制管道石油沥青防腐层技术标准》（SY/T 0420）有关规定。石油沥青防腐层的厚度不应低于表 4-1 的规定。

表 4-1　石油沥青防腐层等级、厚度及结构

防腐层等级	总厚度/mm	结构
普通级	≥4.0	三油三布
加强级	≥5.5	四油四布
特加强级	≥7.0	五油五布

4.1.2　环氧煤沥青漆防腐层

环氧煤沥青防腐操作简便，但覆盖层固化时间长，受环境影响大，不适于野外作业，10℃以下难以施工，一般最高温度不超过 80℃。技术标准参照《埋地钢制管道环氧煤沥青防腐层技术标准》（SY/T 0447）有关规定。图 4-1 为某输油站站内埋地管线防腐。

图4-1　环氧煤沥青漆防腐

环氧煤沥青防腐层的厚度不应低于表4-2的规定。

表4-2　环氧煤沥青防腐层等级、厚度及结构

<table>
<tr><th rowspan="2">防腐层等级</th><th rowspan="2">总厚度/μm</th><th colspan="2">结　构</th></tr>
<tr><th>溶剂型</th><th>无溶剂型</th></tr>
<tr><td>普通级</td><td>≥400</td><td>底漆+多层面漆</td><td>单层或多层</td></tr>
<tr><td rowspan="2">加强级</td><td>≥600</td><td>底漆+多层面漆</td><td>单层或多层</td></tr>
<tr><td>≥700</td><td>底漆+多层面漆+纤维增强材料（玻璃丝布、丙纶无纺布）+多层面漆</td><td>多层面漆+纤维增强材料（玻璃丝布、丙纶无纺布）+单/多层面漆</td></tr>
</table>

注：环氧煤沥青涂料的底漆和面漆可以为“底面合一”型涂料。

4.1.3　单（双）层熔结环氧粉末防腐层

单（双）层熔结环氧粉末，由于熔结环氧粉末防腐涂层与钢管表面粘结力强、耐化学介质侵蚀性能、表面光滑坚硬、机械强度高、耐温性能等都比较好，抗腐蚀性、耐阴极剥离性、耐老化性、耐土壤应力等性能也很好，使用温度范围宽，适合于大部分土壤环境和定向钻穿越黏质土壤。其缺点是须在防腐厂预制加工，管子需加温到200℃以上，能耗较大。涂层较薄，易被冲击损坏，不耐施工运输中的碰撞，要采取一定的保护措施以减少损伤。损伤和管道焊口的修补较为困难，并且采用环氧粉末现场喷涂，施工工艺复杂。技术标准参照《钢质管道熔结环氧粉末外涂层技术规范》（SY/T 0315）有关规定。

环氧粉末防腐层的厚度应不低于表4-3的规定。

表4-3　环氧粉末防腐层等级、涂层厚度及结构

<table>
<tr><th>防腐层等级</th><th>厚度/μm</th><th>结构</th></tr>
<tr><td>普通级</td><td>≥300</td><td rowspan="2">单层</td></tr>
<tr><td>加强级</td><td>≥400</td></tr>
<tr><td>普通级</td><td>≥600</td><td rowspan="2">双层</td></tr>
<tr><td>加强级</td><td>≥800</td></tr>
</table>

4.1.4 3PE 复合材料防腐层

3PE 复合材料，顾名思义，它具有三层结构：第一层为熔结环氧粉末涂层，第二层为胶粘剂，第三层为聚乙烯面层，各层之间相互紧密粘接，形成一种复合结构，取长补短。熔结环氧粉末涂层的主要作用是形成连续的涂膜，与钢管表面直接粘结，具有很好的耐化学腐蚀性和抗阴极剥离性能，与中间层胶粘剂的活性基团反应形成化学粘结，保证整体防腐层在较高温度下具有良好的粘结性。聚乙烯面层的主要作用是起机械保护与防腐作用。它的优点管道防腐密封性强，机械强度高，防水性强，质量稳定，施工方便，适用性好，不污染环境，适用于对覆盖层机械性能、耐土壤应力及阻水性能要求较高的苛刻环境，如碎石土壤、石方段、土壤含水量高、植物根系发达地区。缺点是与其他补口材料成本相比费用高。技术标准参照《埋地钢质管道聚乙烯防腐层技术标准》（SY/T 0413）有关规定。

3PE 防腐层的厚度不应低于表 4-4 的规定。

表 4-4 3PE 防腐层等级和厚度

管道公称直径 *DN*/mm	环氧涂层/μm	胶粘剂层/μm	防腐层最小厚度/mm	
			普通级（G）	加强级（S）
DN≤100	≥120	≥170	1.8	2.5
100 < *DN*≤250			2.0	2.7
250 < *DN* < 500			2.2	2.9
500≤*DN* < 800			2.5	3.2
DN≥800			3.0	3.7

4.1.5 聚乙烯胶粘带防腐层

聚乙烯胶粘带，又称聚乙烯冷缠带，简称冷缠胶带，是根据其应用时可在常温下缠绕施工而得名。冷缠胶带胶层厚薄均匀，适应性广，具有优异的粘结性和弹性，使防腐层能适应管道的热胀冷缩，耐热老化性好，抗紫外线能力强，并且拉伸强度高，断裂伸长率适当，便于机械化和手动缠绕。技术标准参照《钢质管道聚乙烯胶粘带防腐层技术标准》（SY/T 0414）有关规定。

冷缠胶带产品主要有三种类型：

（1）涂布型防腐冷缠胶带。采用聚乙烯的吹塑薄膜为基材，通过电晕处理后再涂上用甲苯溶解天然橡胶的胶液，经过溶剂挥发后残留胶膜而制成涂布型冷缠胶带。此类胶带，因其制作工艺相对简单，设备投资较少，具有成本较低的优点。但由于其生产工艺与选用材料的局限，往往存在吹塑薄膜强度低、电晕处理的时效有限、天然橡胶易老化变质、用胶液涂布的胶层很薄并与基膜的结合力小、剥离强度低，又经常出现脱胶两面粘的现象。而且甲苯是有毒溶剂，易造成环境污染并有损人体健康。宜在规模较小使用年限较短的工程采用。

（2）热熔涂布型防腐冷缠胶带。采用聚乙烯膜、玻璃丝布、聚丙烯编织物或涂塑无纺布为基材，用改性沥青加热熔化后涂敷于上述基材而成。改性沥青是在石油沥青中加入少量SBS等热塑性弹性体，以改善沥青的温度敏感性。该类胶带由于对沥青进行了改性，耐温性能比以前的沥青玻璃丝布防腐有很大的提高，并且粘接强度很大。因为这种胶带的胶层材料中80%是沥青成分，其施工温度应控制在5~50℃之间，当低于5℃时此类胶带的沥青胶层会发硬而失去黏性，当高于50℃时沥青胶层易产生溢胶流淌粘连，因而其胶带成品卷中必须有隔离纸将沥青胶层与基材隔离。当此类胶带基材是织物时，因具有网格空隙，其电气绝缘强度只有聚乙烯基膜胶带的50%，因而其胶带厚度通常在1mm以上。宜在环境条件较好、温度变化较小的区域使用。

（3）复合型聚乙烯防腐冷缠胶带。采用聚乙烯压延膜与丁基橡胶胶层共挤压延热复合而成，由于采用聚乙烯压延工艺增加了基材聚乙烯的机械强度，丁基橡胶具有优异的气密性，而且在所有橡胶中丁基橡胶具有独特的自融粘接性，从而使聚乙烯-丁基橡胶复合型聚乙烯防腐胶带具有机械强度高、剥离强度大、电气强度高、气密性好、耐温范围广（-30~70℃）施工方便、无环境污染及防腐寿命长等优点而成为目前国际上广为采用的主流防腐材料。

聚乙烯防腐冷缠带按用途分为防腐胶粘带（内带）、保护胶粘带（外带）和补口带三种，其结构特点如表4-5所示。

表4-5　冷缠带按用途分类及结构特点

类别	别称	结构特点
防腐带	内带，内缠带	胶层厚、基膜薄，主要靠胶层起到防腐作用
保护带	外带，外缠带	基膜厚、胶层薄，主要靠基膜起到保护防腐层的作用
补口带	接缝带，焊缝带	胶层与基膜厚度基本相当，专门用于补伤、补口

无论是哪一种冷缠带施工时遇到风沙天、阴雨天、结露、结霜均不能施工，不然会影响粘接力，造成脱层，是腐蚀的隐患。用在焊缝较高的螺旋焊接管时，防腐不当会使焊缝架空，遇到水和潮湿土壤会窜水，也会造成管道的腐蚀。

冷缠带和3PE的特点是适用各种材料主体防腐层管道，而其他方式适用于相同或接近材料的主体防腐层管道。

冷缠带防腐层的厚度不应低于表4-6的规定。

表4-6　冷缠带防腐层等级、厚度及结构

防腐层等级	总厚度/mm	结构
普通级	≥0.7	底漆+冷缠带
加强级	≥1.0	
特加强级	≥1.4	

4.2 冷缠带防腐程序

（1）表面处理

钢管表面清除油污，喷砂除锈至达到《涂装前钢材表面锈蚀等级和处理等级》（GB/T 8923.1）的 Sa2 级，最好达到 Sa2.5 级。施工条件受限制时，也可采用电动工具除锈至 St3 级，即见到管道金属本色。图 4-2 为人工对管道除锈。

（2）涂刷漆料

钢管表面处理合格后，必须在钢管返锈前尽快涂刷底胶，一般要求在 4h 内进行涂刷，防止钢管表面受潮和污染。如涂刷前，管道出现返锈或受到污染，应重新进行表面处理。按照冷缠带要求调配配套的底漆涂料，并达到要求的厚度，固化一定时间后方可进行冷缠带防腐，如图 4-3 所示。

图 4-2　管道人工除锈

图 4-3　涂刷漆料

（3）缠绕冷缠带

一般情况使用与管道直径配套的冷缠带缠绕机进行缠绕，胶粘带始末端搭接长度不应小于 1/4 管子周长，且不少于 100mm。两次缠绕搭接缝应相互错开。搭接宽度遵照设计规定或产品说明书，但不应低于 25mm，如图 4-4 所示。

（4）冷缠带补口

一般管道补口方式与管道主体防腐方式尽量保持一致。如果是三层 PE 复合结构，其补口材料首选 3PE 热收缩补口材料。如果是单层环氧粉末涂层的补口可采用环氧粉末、胶粘带 + 底漆和三层 PE 热收缩带补口三种方式。图 4-5 为工人正在用冷缠带补口。

修补时先修整损伤部位，并清理干净，涂上底漆。

使用与管体相同的冷缠带修补时，宜采用缠绕法；也可以使用专用胶粘带采用贴补法修补。缠绕和贴补宽度应超出损伤边缘至少 50mm。补口带与原防腐层搭接宽度应不小于 100mm。补口处防腐等级应不低于管体防腐层。

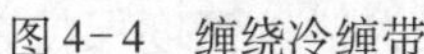

图4-4　缠绕冷缠带　　　　图4-5　冷缠带补口

4.3　热收缩带补口程序

管道防腐热收缩带是为埋地及架空钢质管道焊口的防腐和保温管道的保温补口而设计的。它是由辐射交联聚烯烃基材和特种密封热熔胶复合而成，特种密封热熔胶与聚烯烃基材、钢管表面及固体环氧涂层可形成良好的粘接。它具有优异的耐磨损、耐腐蚀、抗冲击及良好的抗紫外线和光老化性能，在输油、输气管道中广泛应用。

热收缩带的补口施工作业一般程流程如图4-6所示。

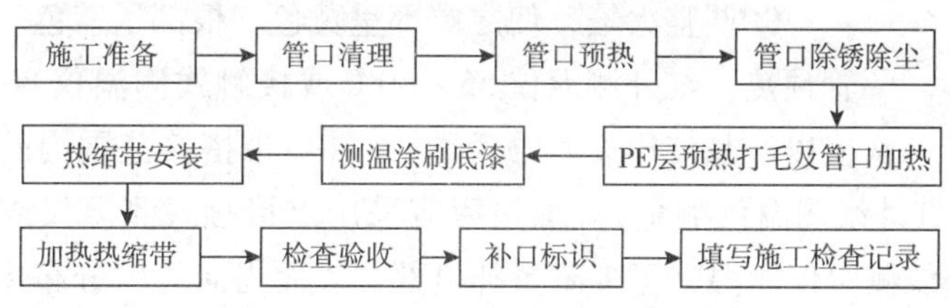

图4-6　补口施工作业流程图

施工现场出现下列情况之一，且无有效防护措施时，不应进行露天补口施工；雨天、雪天、风沙天；风力达到5级以上；相对湿度大于85%。

主要操作步骤如下：

（1）预处理

①应对焊口进行清理，环向焊缝及其附近的毛刺、焊渣、飞溅物、焊瘤等应清理干净。补口处的污物、油和杂质（必要时可用丙烷清洗剂）应清理干净。

②采用喷砂除锈时，在表面喷砂除锈前应将钢管预热至环境空气露点以上3℃（约为30～50℃）。除锈等级应达到GB 8923.1中要求的Sa2.5级，钢管表面防锈效果采用相应的照片或标准对比板进行目视比较。除锈后应清除表面灰尘，如有灰尘污染，采用纯棉毛巾擦拭合格，如图4-7所示。

③将热收缩带与管体3PE防腐层搭接处打毛宽度一般为100mm，打毛深度为0.3～0.4mm，打毛的宽度不超过收口片的长度。实际施工过程中，如果使用钢丝刷打毛困难，

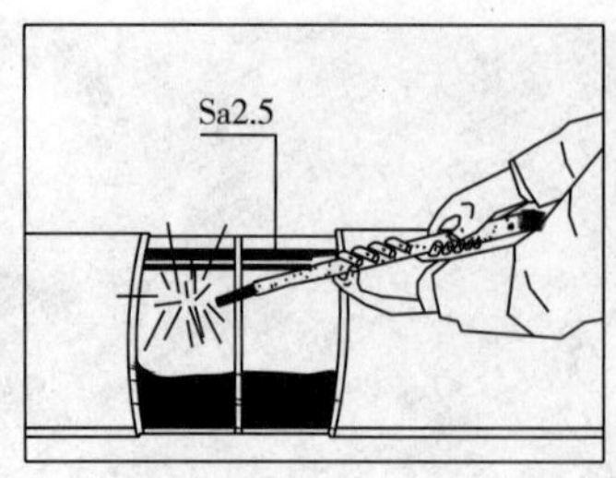

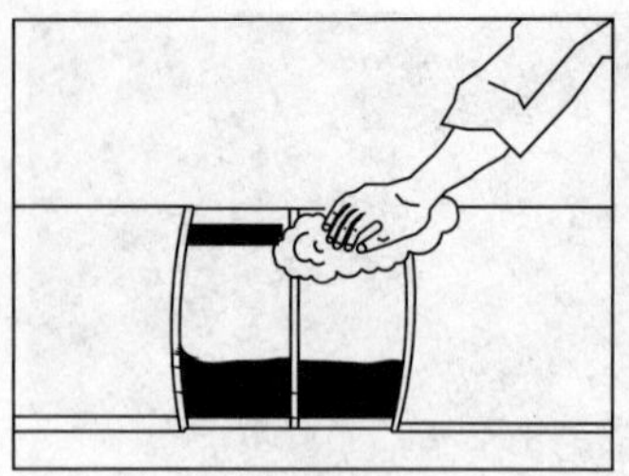

图 4-7 预处理

适当用喷枪对 3PE 防腐层进行预热，边预热边打毛，但温度不应超过其最高承受温度。

④用锚纹仪测量锚纹深度，如图 4-8 所示，并留作记录，锚纹深度保持在 50～90μm 之间。

图 4-8 锚纹仪

（2）涂底漆

①钢管表面预处理后至补口施工时间间隔宜控制在 2h 内，期间应防止钢管表面受潮和污染。涂底漆前，如出现返锈或表面污染时，必须重新进行表面预处理。

②将环氧树脂基料 A 应充分搅拌均匀，然后再将固化剂 B 倒入环氧树脂基料 A 中，搅拌约 3～5min。在环境温度下，使用时间约为 30min，只要底漆仍然呈液态就可以使用。

③调整火焰，使之端部呈黄色，根部呈蓝色。将补口部位的钢管预热，红外测温仪 55～60℃或接触式测温仪 80～90℃（操作时应以产品使用说明书为准），补口带搭接范围内的防腐涂层表面预热至 90～100℃（红外线测温仪测量）。加热后应采用点接触式测温仪或经点接触式测温仪比对校准的红外线测温仪测温，至少测量补口部位表面周向均匀分布 4 个点的温度，如图 4-9 所示。

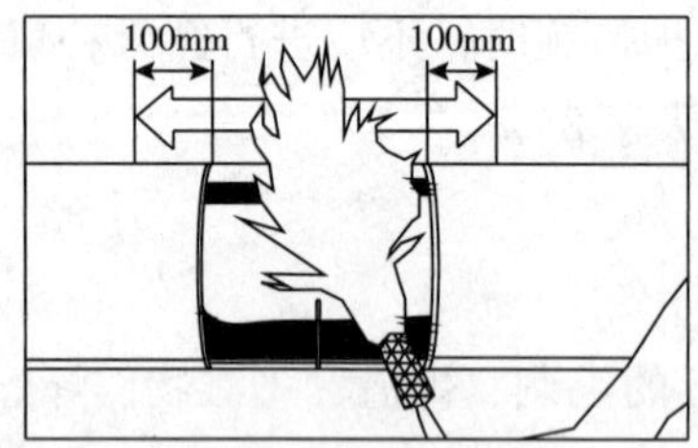

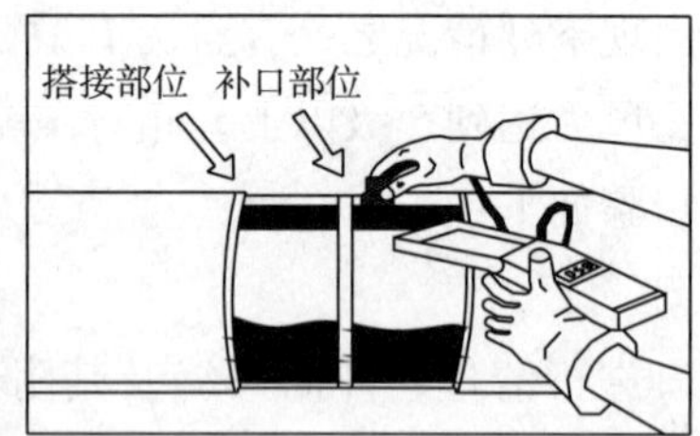

图 4-9 补口搭接部位预热

红外线测温仪有响应时间快、非接触、使用安全、便捷及使用寿命长等优点，使用测低温段（≤300℃）的红外线测温仪，一般精度可达到 ±2℃甚至更高，可以满足施工要求。但要注意喷砂后钢管表面用红外测温仪测量时温度会偏低，因此要求定期用接触式测温仪校准。

④用专用涂料刷将底漆均匀的刷涂在钢管和防腐层打毛部位的表面，底漆的湿膜厚度

应不小于120μm，防腐层处涂刷宽度要求小于热收缩带搭接20～30mm为宜。

（3）安装热收缩带

①在底漆尚湿润时，迅速将热收缩带安放在焊口的中央部位。首先将有倒角的一端粘贴在管道上，该位置要处在10点、2点位置。

②热收缩带绕到管子上后，底部与管子的间隙最少为25mm，热收缩带自身搭接长度至少50mm。由于搭接处胶层厚度增加1倍，为保证底部胶层能达到熔化，需要对搭接处特殊加热，碾压，防止出现夹生。另外，为防止搭接处安装固定片时出现空隙，有的厂家专门配备了热熔补口带，一般为3条，一条用于搭接处，安装完固定片后加热熔化密封，另外两条热熔补口带用于固定片沿管线方向端部加热至熔化即可。

③加热热收缩带的下端内侧，粘贴到热收缩带上端。用戴手套的手按压、抚平，如图4-10所示。

（4）安装固定片

将固定片内侧加热1～2s。固定片轴向中线对好热收缩带接缝处，安放平整，用手按压。用火焰从一端到另一端加热固定片，并用压辊压实，如图4-11所示。

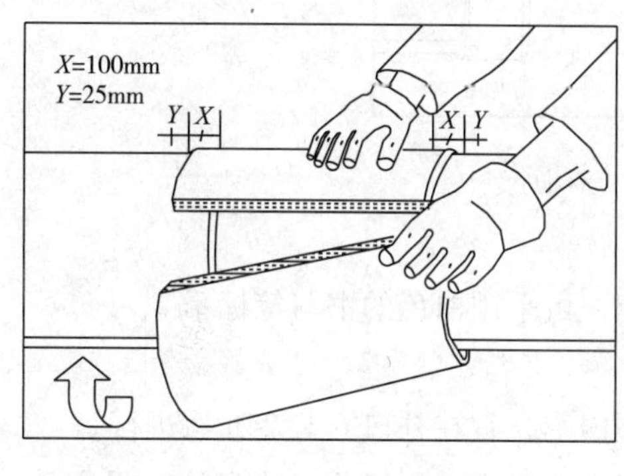

图4-10　安装热收缩带

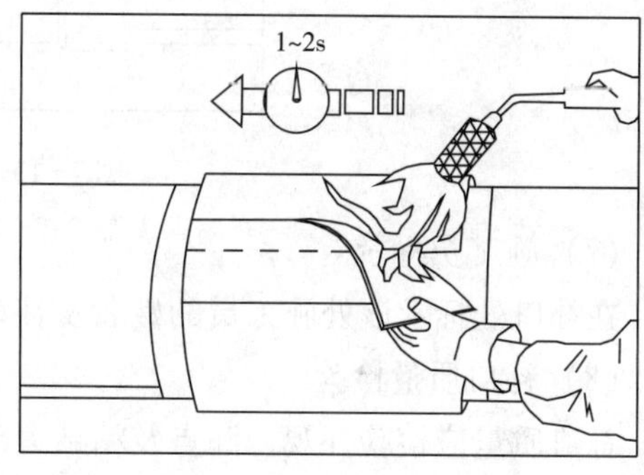

图4-11　安装固定片

（5）加热热收缩带

①从热收缩带中间沿周向均匀加热热收缩带。直到热收缩带变平滑。沿周向加热的过程中如发现固定片与热收缩带分离时，趁热拍打或压辊滚压贴合，加热过程中火焰一定要覆盖收口片。

在加热收缩的过程中，加热器火头不宜过大，过大会使基材迅速收缩，而内层的热熔胶尚未熔融就贴到管面上，不利于粘结，同时可以避免烧焦、炭化现象的产生。

②风大时，应使火焰逆风向，从热收缩带背风侧开始加热，如图4-12所示。

（6）赶平热收缩带

①当热收缩带完全收缩后，再将整个热收缩带加热5～8min，使其表面温度保持在150～170℃（以产品使用说明书为准）不少于3min，使热熔胶充分熔融并从两侧溢出，以达到更好的粘结效果。加热过程中，用手指按压热收缩带，离开后凹痕应自动消失。

②在热收缩带表面尚柔软时，趁热辊压，挤出气泡。从焊缝向两侧赶，尤其注意焊缝及管体防腐层处。发现有气泡时，可以重新加热，用滚轮赶出气泡，如图4-13所示。

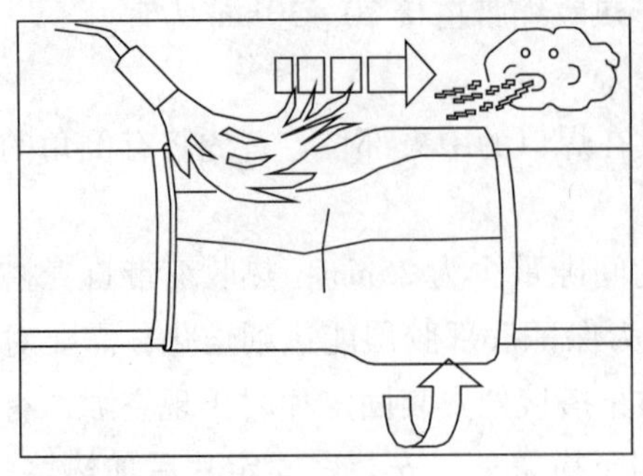

图 4-12　加热热收缩带

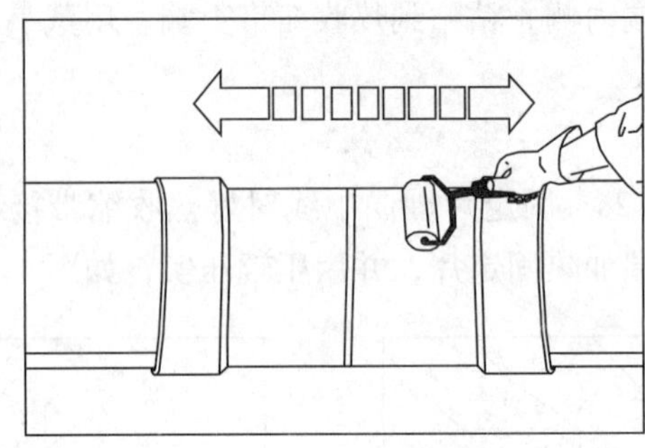

图 4-13　赶平热收缩带

(7) 施工员标示

在补口处标示该处施工员的姓名及补口日期，可采用白色的书写笔标示。

(8) 补口质量检验

补口质量应检验外观、漏点及粘结力等三项内容，宜在补口安装 24h 后进行。

①补口的外观应逐个目测检查，热收缩带表面应平整、无皱折、无气泡、无空鼓、无烧焦、炭化等现象；热收缩带周向应有胶粘剂均匀溢出。固定片和热收缩带搭接部位的滑移量不应大于 5mm。

②火花检漏：每一个补口均应用电火花检漏仪进行漏点检查。火花检漏电压为 15kV，若有漏点，应重新补口并检漏，直至合格。

③粘结力检测：先将防腐层沿环向划开宽度约为 20mm、长 10cm 左右的长条，划开时应划透防腐层，并撬起一端。用测力计以 10mm/min 的速率垂直钢管表面均匀拉起防腐层，记录测力计稳定数值，如图 4-14 所示。

检测时管体温度宜为 10～35℃。防腐层温度要求在 50℃ ±5℃范围内，可在防腐层涂敷后的冷却过程中测定，也可将防腐层加热后测定。测定时，应采用表面温度计检测防腐层表面温度，直至完成检测。补口处的剥离强度测试，应在补口完成 24h 后进行。将测定时记录的力值除以防腐层的剥离宽度，即为剥离强度，单位为 N/cm。

在补口处，管体温度在 25℃ ±5℃时，对钢管的剥离强度应不小于 50N/cm；对于热收缩材料和原钢管聚乙烯防腐层的搭接处，对聚乙烯的剥离强度也不应小于 50N/cm；对三

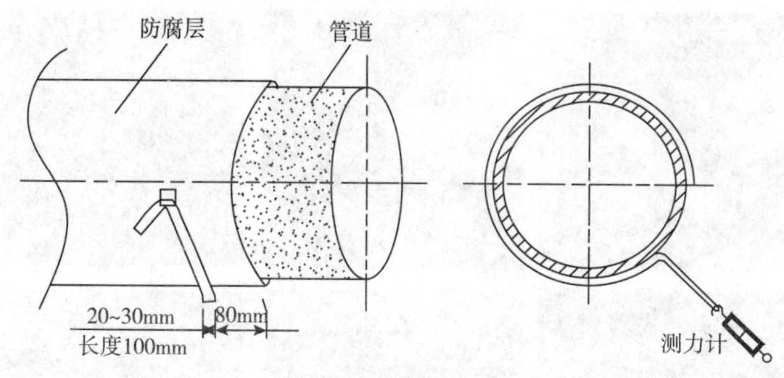

图4-14　剥离强度测定示意图

层结构补口，剥离面的底漆应完整附着在钢管表面。每100个补口至少抽测一个，如不合格，应加倍抽测。若加倍抽测仍有一个不合格，则该段管线的补口应全部返修。剥离强度试验后应将该补口清除干净，重新制作新的补口。图4-15为某原油管线热收缩带补口图。

图4-15　热收缩带补口

4.4　热收缩材料补伤程序

三层PE防腐涂层的补伤作业常采用补伤片、聚乙烯粉末或热熔修补棒。

(1) 补伤步骤

按照以下步骤进行，如图4-16所示。

①修补时，应先除去损伤部位的污物，并将该处的聚乙烯层打毛。然后将损伤部位的聚乙烯层修切圆滑，边缘应形成钝角，在孔内填满与补伤片配套的胶粘剂，然后贴上补伤片。补伤片的大小应保证其边缘距聚乙烯层的空洞边缘不小于100mm。贴补时应边加热边用辊子滚压或戴耐热手套用手挤压，排除空气，直至补伤片四周胶粘剂均匀溢出。

②对于小于或等于30mm的损伤，宜采用辐射交联聚乙烯补伤片修补，补伤片对管道聚乙烯的剥离强度应不低于35N/cm。

③对于大于30mm的损伤，应按照上述规定补贴补伤片，然后在修补处包覆一条热收缩带，包覆宽度应比补伤片的两边至少各宽50mm。

④对于直径不超过10mm的漏点或损伤深度不超过管体防腐层厚度50%的损伤，可用

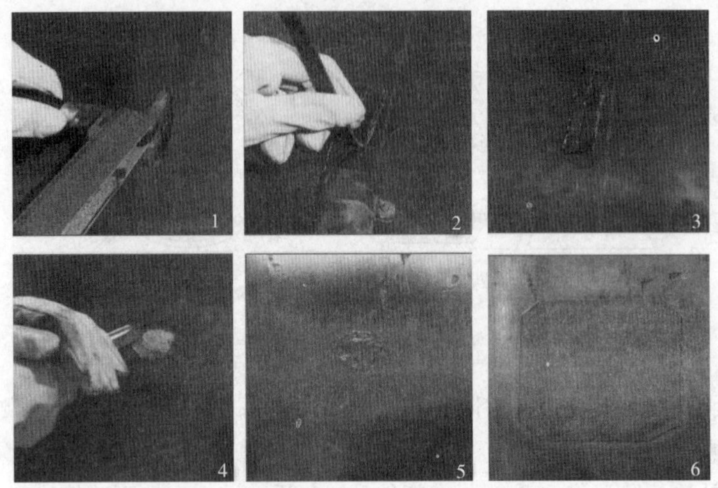

图4-16　补伤作业施工

配套的聚乙烯粉末或热熔修补棒修补。

（2）补伤质量检测

补伤质量应检验外观、漏点及粘结力等三项内容，宜在补伤安装24h后进行；

①补伤后的外观应逐个检查，表面应平整，无皱折、无气泡、无烧焦、碳化等现象；补伤片四周应有胶粘剂均匀溢出不合格的应重补。

②火花检漏：每一个补伤处均应使用电火花检漏仪进行漏点检查。火花检漏电压15kV，发现漏点应重新补伤并检漏，直至合格为止。

③剥离强度：补伤后的粘结力按规定的方法进行检验，常温下（10～35℃）的剥离强度应不低于35N/cm，每100个补伤处抽查一处，如不合格，应加倍抽查；若加倍抽查仍有一个不合格，则该段管线的补伤应全部返修。

4.5　防腐层质量检测标准

管道防腐层无论是在厂家预制还是在现场防腐，都必须进行现场质量检测，主要有厚度检测、电火花检漏、剥离强度检验。

按照规范要求，管道在下沟前必须进行100%电火花检测。电火花检漏应根据防腐层材质的不同选择电压等级。表4-7列出了几种常用防腐层材料的厚度和检漏电压。

对于环氧粉末、环氧煤沥青、3PE等成品防腐管防腐层厚度的检测，可查阅产品合格证或检测证书获得，依照该厚度确定电火花检漏电压；对于石油沥青、聚乙烯胶粘带等防腐层厚度的检测，可以使用符合《钢管防腐层厚度的无损测量方法》（SY/T 0066）的防腐层厚度检测仪进行检测，数量较少时也可以人工割开防腐层进行抽检。

表4-7　常用防腐层检漏电压

<table>
<tr><th>防腐层等级 / 检漏电压 / 防腐层类型</th><th>普通级</th><th>加强级</th><th>特加强级</th></tr>
<tr><td rowspan="2">石油沥青防腐层
（SY/T 0420—1997）</td><td>≥4.0mm</td><td>≥5.5mm</td><td>≥7.0mm</td></tr>
<tr><td>16kV</td><td>18kV</td><td>20kV</td></tr>
<tr><td rowspan="2">环氧煤沥青
（SY/T 0447—2014）</td><td>≥400μm</td><td>≥600μm</td><td>≥700μm</td></tr>
<tr><td colspan="3">5V/μm</td></tr>
<tr><td rowspan="2">单层熔结环氧粉末外涂层
（SY/T 0315—2013）</td><td>≥300μm</td><td>≥400μm</td><td>——</td></tr>
<tr><td colspan="3">5V/μm</td></tr>
<tr><td rowspan="2">双层熔结环氧粉末外涂层
（SY/T 0315—2013）</td><td>≥600μm</td><td>≥800μm</td><td>——</td></tr>
<tr><td colspan="3">5V/μm</td></tr>
<tr><td rowspan="2">聚乙烯胶带
（SY/T 0414—2007）</td><td>≥0.7mm</td><td>≥1.0mm</td><td>≥1.4mm</td></tr>
<tr><td colspan="3">当 $T_c<1\text{mm}$ 时：$V=3294\sqrt{T_c}$；当 $T_c\geq 1\text{mm}$ 时：$V=7843\sqrt{T_c}$，V：电压，T_c：防腐层厚度</td></tr>
<tr><td>3PE（SY 0413—2002）</td><td colspan="3">15kV</td></tr>
</table>

4.6　防腐层电火花检测

防腐层对于管道来说就是一层保护层，用于隔离外部物理、化学、生物等构成的复杂环境，保护管道不受损伤，相当于“盾”的作用；同时，任何防护层都不会是绝对均匀的、可靠的。防腐层在加工、施工过程中局部或某一点会存在针眼、孔隙等缺陷；在运行过程中，因厚度、强度等指标不合格会遭到环境中某种或多种形式的损害。这些缺陷和损害因素相当于“矛”，对于管道运行中后期影响深远，关系到管道的使用寿命。

因此，在防腐层施工完毕或防腐管道投入运行前，必须对防腐层质量进项检测。工程中为了检测防腐层的好坏，除了使用拉力计、测厚仪等工具检测外，应用最广泛的检测方法是使用高压击穿法，就是我们常说的电火花检测。

防腐层属于高阻物质，金属管道属低阻物质，当金属表面绝缘防腐层过薄时，可能会形成漏铁、漏电微孔，在此处的电阻值和气隙密度都很小，当有高压经过时，就促使气隙击穿而产生火花放电，同时给报警电路产生一个脉冲信号，报警器发出声光报警，据此即可达到防腐层检漏目的。

电火花检测主要用于检测油气管道，电缆，搪瓷，金属贮罐，船体等金属表面防腐层的施工质量的检测。下面结合 SL-68 系列电火花检漏仪对电火花检测进行详细介绍。

SL-68 系列电火花检漏仪具有功耗低，体积小，重量轻，操作简单，安全可靠，交直流两用等特点，如图4-17 所示。

（1）主要技术指标

①测量范围：A 型：0.03～3.50mm；B 型：3.50～10.0mm

②输出高压：A 型：0.50～15.0kV；B 型：15.0～36.0kV

③交流供电电压：220V±25%（100%±25%）220V

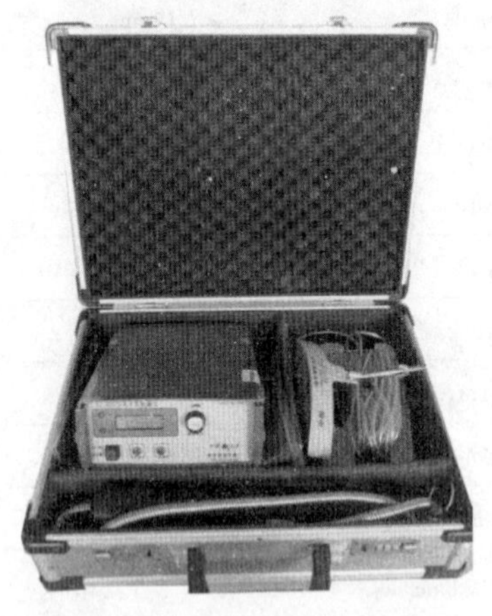

图 4-17　检漏仪实物图

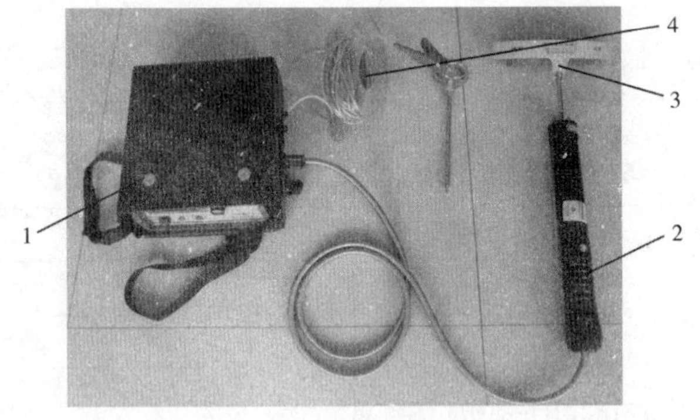

图 4-18　检漏仪实物

1—主机；2—高压枪；3—探头；4—接地装置

④机内直流电压：68A 型：6V；68B 型：8.4V

⑤直流功耗：<5W

⑥交直流自动变换时间：<0.01s

⑦报警延时：1～2s

（2）仪器结构

①仪器组成。仪器分主机、高压枪、探头、接地装置四部分，如图 4-18 所示。

主机内装有微电脑电路、声光报警装置、高能电池组等；高压枪采用金属插头，金属软管内有多芯线，内置电子高压发生器和高压输出开关；探头有两种常用类型，即毛刷型探刷和钢丝型探刷两种；接地装置包括接地线和接地棒两部分。

②仪器前后面板，如图 4-19 所示。

③仪器右面板，如图 4-20 所示。

（3）操作步骤

①电源检查：打开主机电源，液晶显示器显示电源电压，电源电压指示灯亮，液晶表头的显示电压应≥6.0V（A 型仪器）或≥8.4V（B 型仪器），否则应及时充电方可使用，检查完毕后关闭电源。

②连接高压输出插座：检测时，首先摘下仪器侧面的高压输出插座的防尘帽，如图 4-21（a）所示，将高压枪金属软管上金属插头卡口与主机高压输出插座卡口相对应插入，顺时针旋转，感觉有卡住现象，即为接触良好，不用时，逆时针旋转即可取下，如图 4-21（b）所示。

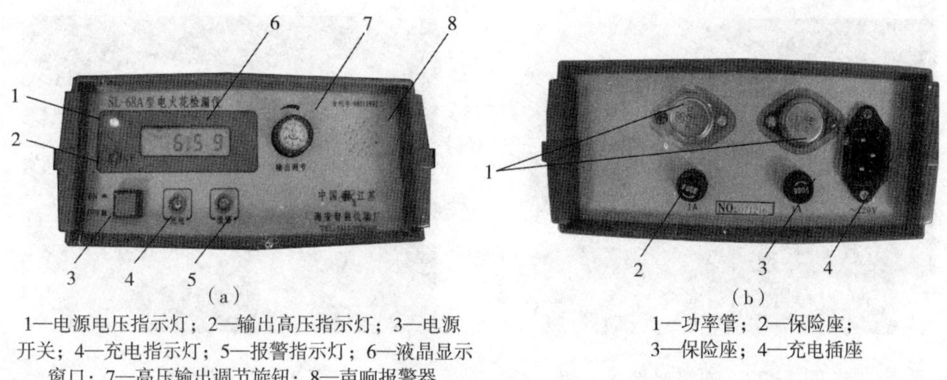

（a）

1—电源电压指示灯；2—输出高压指示灯；3—电源开关；4—充电指示灯；5—报警指示灯；6—液晶显示窗口；7—高压输出调节旋钮；8—声响报警器

（b）

1—功率管；2—保险座；3—保险座；4—充电插座

图4-19　仪器面板

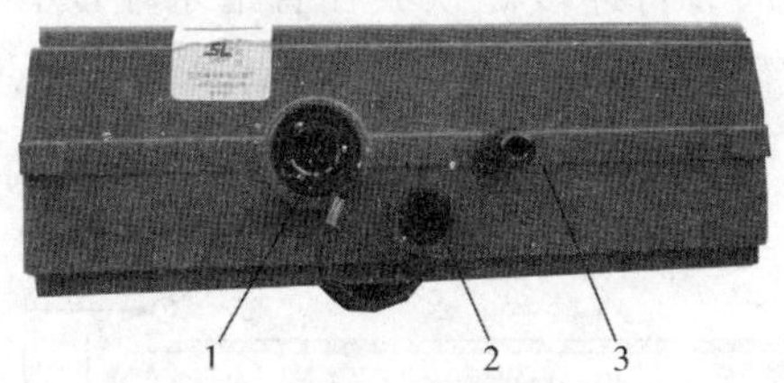

图4-20　右面板

1—高压输出插座；2—防尘帽；3—地线接线柱

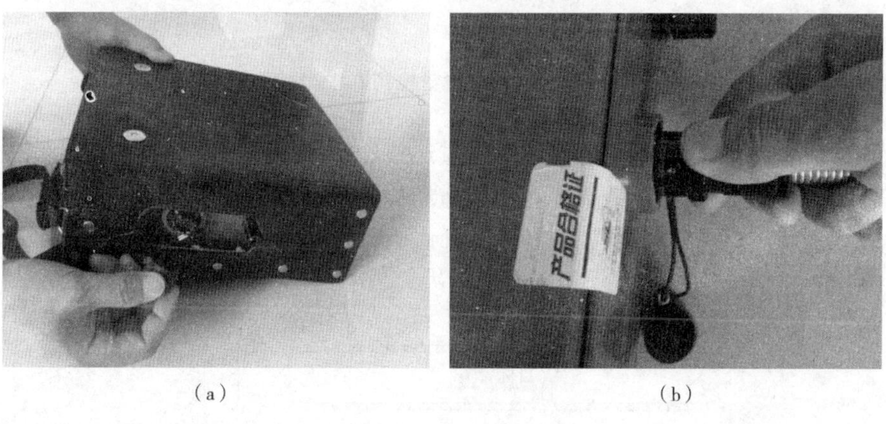

（a）　　（b）

图4-21　连接高压输出插座

③连接机器地线：将长接地线与仪器接地接线柱连接，如图4-22所示。

④安装探头：将带有螺纹的探头顺时针拧进高压棒内，并拧紧锁紧螺母，如图4-23所示。

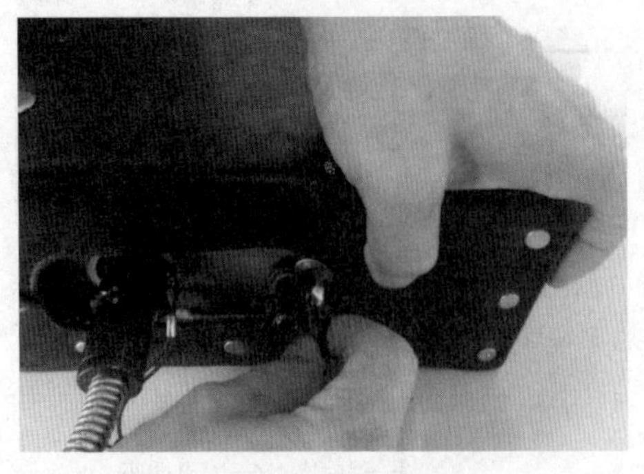

图 4-22 连接接地线

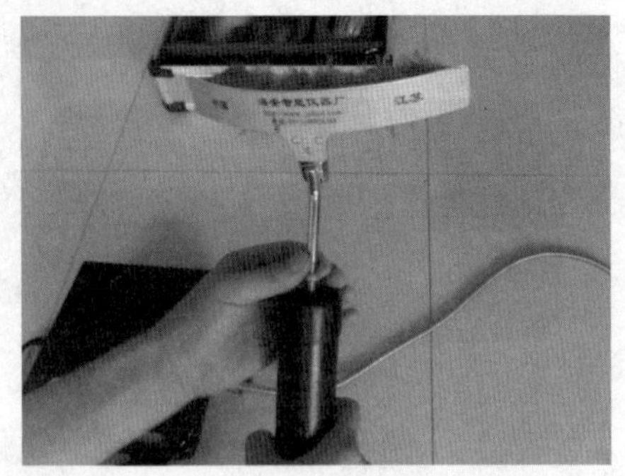

图 4-23 安装探头

（5）检测步骤

①当被测管道长度较短时，将连接磁铁放在管道末端没有涂层的部位，确保导电良好，短接地线一端夹到连接磁铁上，另一端夹到接地棒；长接地线一端接到连接磁铁上，另一端连接到主机接线柱，须接触良好，如图 4-24 所示。

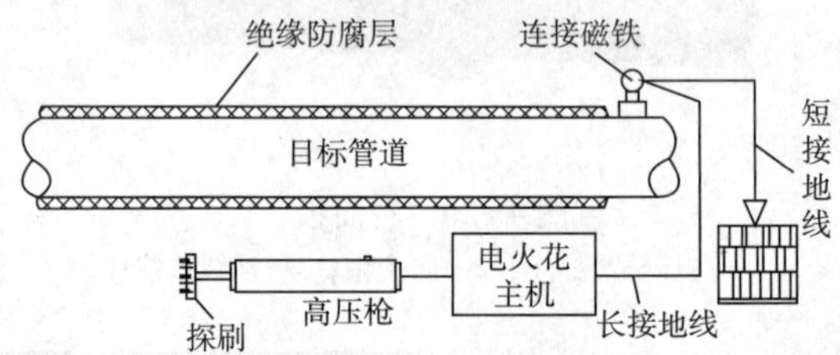

图 4-24 短管检测方法

②当被测管道较长时，先将短接地线通过连接磁铁和接地棒接地，长接地线一端接到主机接线柱上，另一端接在接地棒上在地面拖动检测。如果检测所在的地面比较干燥，则宜将长接地线的接地棒插入地下，以减小接地电阻，接线方法如图 4-25 所示。

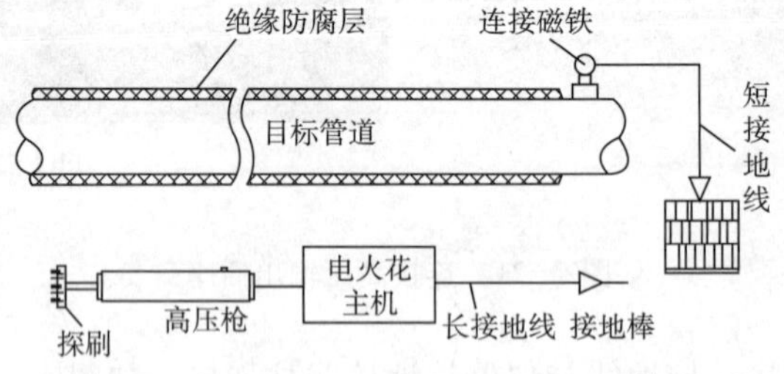

图 4-25 长管检测方法

③对于进行完补漏的埋地长输管线进行检测时，可直接将长接地线一端接到主机接线柱上，另一端接地棒拖拽或插入地下进行检测，因为长输管道及其附属仪表地线、接地电池等附件已经将管道可靠接地。如不能确认接地良好，可能会在金属软管或被测管道上产

生静电，当人体触碰时，会产生麻电。

④检测者打开电源开关，按住高压输出按钮，仪器内微电脑自动变换，电源电压指示灯熄灭，输出高压指示灯发光，表头显示输出高压值，调节输出旋钮，使液晶显示值为所需的高压值，松开高压输出按钮，仪器处于待机工作状态。每次使用完毕后应将输出调节旋钮调到最小，如图 4-26 所示。

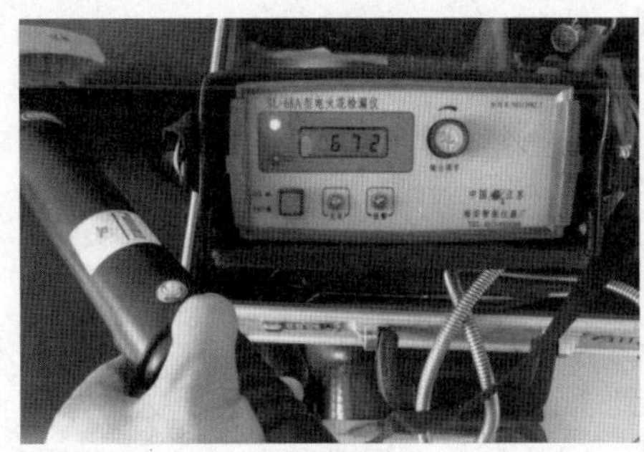

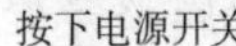

按下电源开关

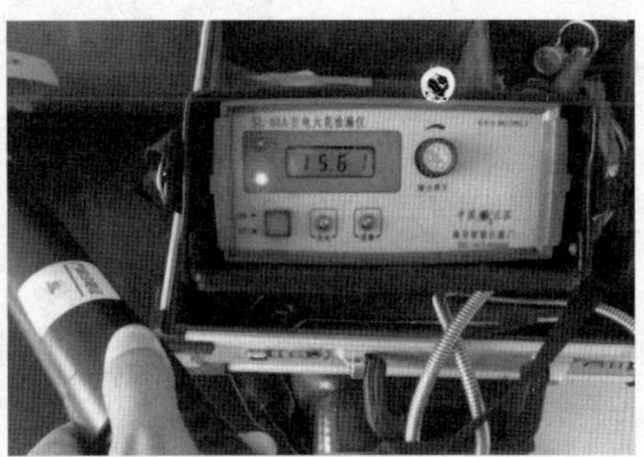

按下高压输出按钮

图 4-26　开机、输出高压

⑤根据防腐层厚度和材质选择合适的测试电压，也可根据各行业提供的检测标准自行选择检测电压。常用防腐层材料的检漏电压如表 4-7 所示。

⑥试把探刷靠近或碰触接地导电体（接地棒），能看到放电火花，并有声光报警，探刷离开被测物体时声光报警相应消失，说明仪器工作正常，即可开始检漏。试验时不可长时短路，以免损坏仪器，另外其火花的长短与输出电压高低有关。

⑦检测完毕，各开关恢复原状。关闭电源后，探刷必须与主机接地线直接短路放电，方可收存。

练习题

(1) 管道常用防腐层有哪几种？每种防腐层有何优缺点？

(2) 简述石油沥青、冷缠带和 3PE 防腐管道的补口补伤方法。

(3) 防腐层的质量检测包含哪些内容？

(4) 简述电火花检漏仪基本操作方法。

第5章　管道阴极保护

5.1　阴极保护原理

金属管道的电化学腐蚀实质上是一系列微原电池共同作用的结果，阳极区由于失去电子，铁原子失去电子而变成铁离子溶入土壤受到腐蚀，而阴极区得到电子受到保护。

阴极保护的目的是给金属补充大量的电子，使被保护金属整体处于电子过剩的状态，使金属表面各点达到同一负电位，所以阴极保护的模型可用图5-1表示。

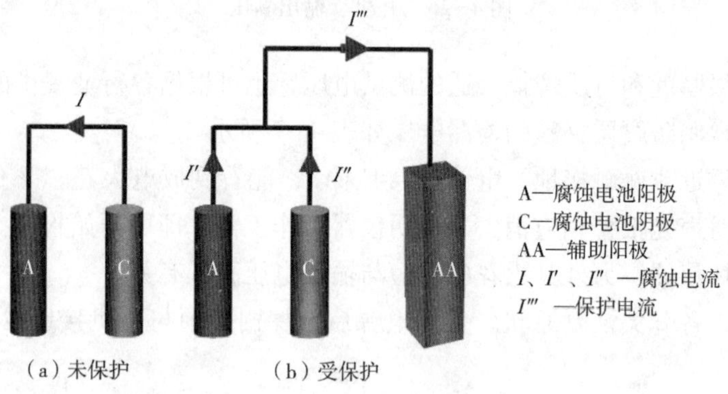

图5-1　阴极保护模型

如图5-1（a）所示管道在未受保护时，腐蚀电池的电流 I 的方向由阴极C（Cathode的英文缩写）指向阳极A（Anode的英文缩写），阳极不断输送电子给阴极，造成阳极腐蚀。

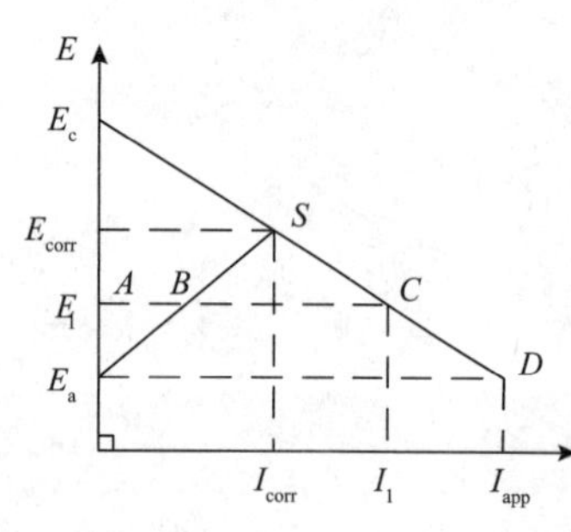

图5-2　阴极保护的极化曲线

如图5-1（b）所示受保护的管道，AA（Auxiliary anode的缩写）为辅助阳极，由于辅助阳极材质的原因，在与管道构成的腐蚀电池中更易失去电子，强制改变了原阴极、阳极的电流方向，电子由辅助阳极流 I'' 向原腐蚀电池的阳极和阴极，抑制了阳极向阴极输送电子，当电流强度达到一定数值时，腐蚀电池阳极输出电流 I' 为零，管道完全受到保护。

下面用极化曲线进一步说明阴极保护的原理，如图5-2所示。

假设金属表面阳极和阴极的开路电位分别为 E_a 和 E_c。由于金属腐蚀使阳极和阴极的电位发生极化，其中阳极电位向正方向偏移，阴极电位向负方向偏移，最后，两者电位共同相交于点S，对应的电位为 E_{corr}（corr为“corrosion 腐蚀”的缩写）即腐蚀电位，腐蚀电流为 Icorr。

当向系统输入外加电流，会使阴极进一步向负方向极化，此时整个腐蚀电池的电位向负方向偏移，阴极的极化曲线 E_cS 从点S向点C方向移动。

当金属电位移动到 E_1 点时，所对应的电流为 I_1，相当于图中的AC段，即AB和BC段之和，AB代表阳极腐蚀电流，而BC则是外加的电流，但是这种情况系统仍存在腐蚀。

若金属继续阴极极化到更负的电位 E_a，即达到微阳极的开路电位，则腐蚀减至为零，金属达到完全保护，此时外加的电流为 I_{app}（app为“appropriate 合适的”的英文缩写）。此时的极化作用已使原来的腐蚀电池的微电池作用完全受到抑制，从而金属表面只发生得电子的还原反应，不再发生丢失电子的氧化反应，腐蚀停止，这就是阴极保护使金属受到保护的原理。

根据上述原理，在实际的应用中有两种办法可以实现管道保护的目的，即牺牲阳极阴极保护和强制电流阴极保护。

5.2　牺牲阳极阴极保护

牺牲阳极保护是将被保护金属和一种电位更负的金属或合金（即牺牲阳极，如镁合金、锌合金等）相连，使被保护体的阴极发生极化，从而降低腐蚀速率的方法。其原理是牺牲阳极系统使用比保护结构活性更大的金属提供使腐蚀停止所需要的保护电流，那种活性更大的金属叫做牺牲阳极。被保护金属与牺牲阳极电连接，并埋于土壤中，构成了电偶电池。

部分材料的电偶序如表5-1所示。

表5-1　部分材料的电偶序

活性程度	金属	电位（CSE）/V
活性或阳极 ↑	商业纯镁	-1.75
	镁合金（6% Al，3% Zn，0.15% Mn）	-1.60
	锌	-1.10
	铝合金（5% Zn）	-1.05
	商业纯铝	-0.80
	低碳钢（干净有光泽）	-0.50～-0.80
	低碳钢（有锈）	-0.20～-0.50
	铸铁	-0.50
	铅	-0.50

续表

活性程度	金属	电位（CSE）/V
	混凝土中低碳钢	-0.20
	铜、黄铜、青铜	-0.20
	高硅铸铁	-0.20
↓	钢上的轧制氧化层	-0.20
惰性或阴极	炭、石墨、焦炭	+0.20

被保护金属体为阴极，牺牲阳极由于电位负于被保护金属体的电位值，在电偶电池中是阳极，当牺牲阳极发生侵蚀时，保护电流注入被保护金属，防止了被保护金属表面腐蚀电流的流出，从而实现了对阴极的被保护金属体的防护。牺牲阳极阴极保护原理如图 5-3 所示。

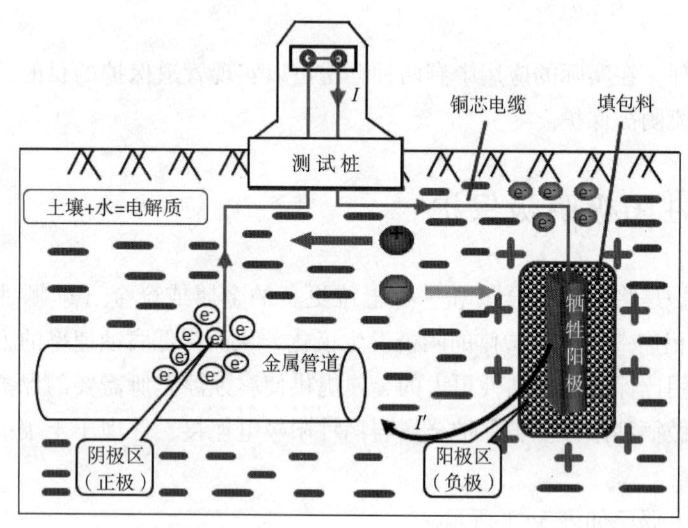

图 5-3　管道牺牲阳极保护原理

在这个由金属管道、牺牲阳极和大地构成的腐蚀电池中，牺牲阳极失去电子被氧化，溢出的电子通过到导线转移到金属管道上，从而抑制金属管道的微阳极失去电子使管道受到保护。在电池的外部，牺牲阳极失去电子，电流方向为从金属管道到牺牲阳极；在电池内部，电流由牺牲阳极到金属管道。

常用的牺牲阳极材料有镁合金、锌合金和铝合金，一般铸造成棒状或具备梯形截面，其规格按净重（不包括钢芯质量）和长度区分，阳极的钢芯也用直径不小于 6mm 的钢筋制成，钢芯接线要外露一定长度，如图 5-4 所示。它们的优缺点如表 5-2 所示，表 5-3 为土壤中牺牲阳极种类的应用选择。

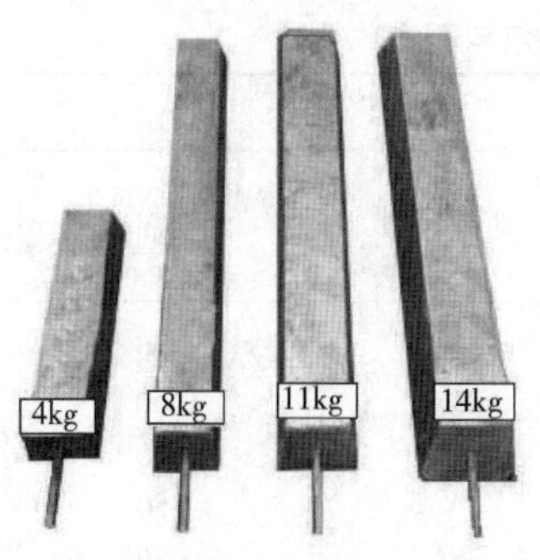

图5-4　牺牲阳极

表5-2　镁合金、锌合金、铝合金阳极优缺点对比表

项目	镁合金阳极	锌合金阳极	铝合金阳极
优点	有效电压高；发生电量大；阳极极化率低，溶解比较均匀；能用于电阻率较高的土壤和水中	性能稳定，自腐蚀小，寿命长；电流效率高，能自动调节输出电流；碰撞时没有诱发火花的危险；不用担心过保护	发生电量最大，单位输出成本低；有自动调节输出电流的作用；在海洋环境中使用性能优良；材料容易获得，制造工艺简单
缺点	电流效率低，自动调节电流能力弱；自腐蚀大；材料来源和冶炼不易；若使用不当会产生过保护；不能用于易燃、易爆场所	有效电压低；单位面积发生电量少；不适宜高温淡水或土壤电阻率过高的环境	在污染海水中、高电阻率环境中性能下降；电流效率比锌阳极低，溶解性差；目前土壤中使用的铝阳极性能尚不稳定

表5-3　土壤中牺牲阳极种类的应用选择

可选阳极种类	土壤电阻率/（Ω·m）	可选阳极种类	土壤电阻率/（Ω·m）
带状镁阳极	>100	镁铝锌锰合金	<40
镁	60～100	镁、锌合金	<15
镁锰合金	40～60	镁铝锌铟合金	<5

牺牲阳极在使用时要放入到装满填料的布袋中，当使用填料时，阳极的电流输出效率提高。如果将阳极直接埋入土壤，由于土壤的成分不均匀，会造成阳极自身腐蚀，从而降低阳极效率。采用填料的作用一是保持水分，降低阳极的接地电阻，二是使阳极表面均匀腐蚀，提高阳极利用效率。填包料配方如表5-4所示。

另外，填装填包料除了有牺牲阳极填包料袋装还可以在现场钻孔填装。但是需要注意袋装所使用的袋子必须是天然纤维织品，禁止使用化纤织物。现场钻孔填装效果虽好，但填料用量大，稍不注意容易把土粒带入填料中会影响填包质量。填包料的厚度应在各个方面均保持5～10cm。

阳极电缆为多股铜芯护套电缆可以直接和管道连接，也可以通过测试桩中接线盒连接，电缆铜芯的截面积不宜小于10mm^2，测试电缆铜芯截面积不宜小于4mm^2。

表 5-4　填包料配方

阳极类型	质量分数/%				适用土壤电阻率/（Ω·m）
	石膏粉（$CaSO_4 \cdot 2H_2O$）	工业硫酸钠	工业硫酸镁	膨润土	
镁合金阳极	50	—	—	50	≤20
	25	—	25	50	≤20
	75	5	—	20	>20
	15	15	20	50	>20
	15	—	35	50	>20
锌合金阳极	50	5	—	45	—
	75	5	—	20	—

电缆和管道采用铝热焊接方式连接，铝热焊接是利用粉末状的单质铝和氧化铜加入催化剂，进行置换反应，放出热量，产生熔化的单质铜和氧化铝（焊渣），实现铜与铜、铜与钢制管道之间的连接，其化学方程式如下所示：

$$CuO + Al \xrightarrow{\text{催化剂}} Al_2O_3 + Cu + \text{热量}$$

可以应用于电缆与电缆、电缆与接地棒、电缆与钢结构之间的连接，也可用于异径电缆的焊接，只需要将截面较小的电缆加上套管即可。

铝热焊接的基本流程如图 5-5 所示。

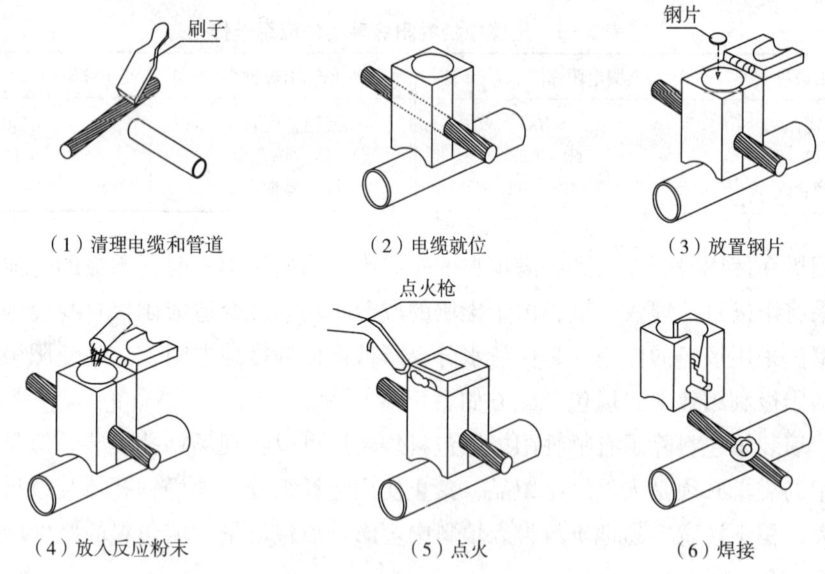

图 5-5　铝热焊接流程示意图

（1）清理电缆和管道。使用钢丝刷子清除电缆铜导线和管道上的污物、油脂及氧化物，保证其光洁无锈，必要时用砂纸打磨。如果有顽固的油污可使用丙酮清洗液进行溶解清理。

（2）电缆就位。将电缆的铜导线放于模具的模膛内，端部留出余量，然后锁紧模具夹，将铜线、模具、管道之间的缝隙用泥巴堵好。

（3）放置钢盘。将钢盘放在模具的熔锅底部，并使其刚好挡住流出口。

（4）加入反应粉末。选择正确标号的焊接金属（如焊接铜电缆用氧化铜、催化剂、铝和引火材料），将其倒入模具内，注意使引火材料覆盖在焊接金属之上。

（5）点火枪点火。合上模具盖用点火枪点火，不得使用喷灯、火柴等明火。

（6）焊接。点燃引火材料后即发生放热爆炸，爆炸后10～15s，将模具移开，清除焊接连接体的小毛刺，焊接即完成。待模具基本冷却后将焊渣清除。该置换反应温度最高可达2200℃，这足可以把铜熔化。由于铜密度较大，熔化的铜自然沉积于模具下部的焊接模膛内，焊渣密度较小且蓬松而浮于模膛上部，从而可实现铜与铜之间、或铜与钢制管道的焊接。

依据《埋地钢质管道阴极保护技术规范》（GB/T 21448）中8.5.3规定，铝热焊接位置不应再弯头上或管道焊缝两侧200mm范围内，焊剂量不应超过15g，但焊接电缆的截面积大于16mm^{2}时，可将电缆分成若干股，每股小于16mm^2，分开进行焊接，连接处应采用和管道防腐层相容的材料防腐绝缘。电缆要留有一定的余量，以适应回填松土的下沉。牺牲阳极的焊接现场如图5-6所示。

图5-6　牺牲阳极焊接现场

牺牲阳极在管道上的分布宜采用单支或集中成组两种方式，同一组阳极宜采用同一批号或开路电位相近的，埋设方式有立式和卧式两种，埋设位置为轴向和径向。

一般情况下，阳极埋设位置应距管道3～5m，最小不宜小于0.3m。成组埋设时，阳极间距以2～3m为宜。

在有些情况下，牲阳极不应距管道过近。例如，利用锌阳极对热油管道进行牺牲阳极保护时，温度的升高会引起阳极的极性逆转（锌成为阴极，管道成为阳极）。此外，同外加电流阴极保护系统一样，阳极与管道之间不应有金属构筑物。牺牲阳极埋设深度以阳极顶部距离地面不小于1m为宜。

在寒冷地区，阳极必须埋设在冰冻线以下。在地下水位低于3m的干燥地带，阳极应加深埋设。在河流中，阳极应埋设在河床的安全部位，以防洪水冲刷和挖沙清淤时被损坏。牺牲阳极的两种常见埋设方式如图5-7所示。

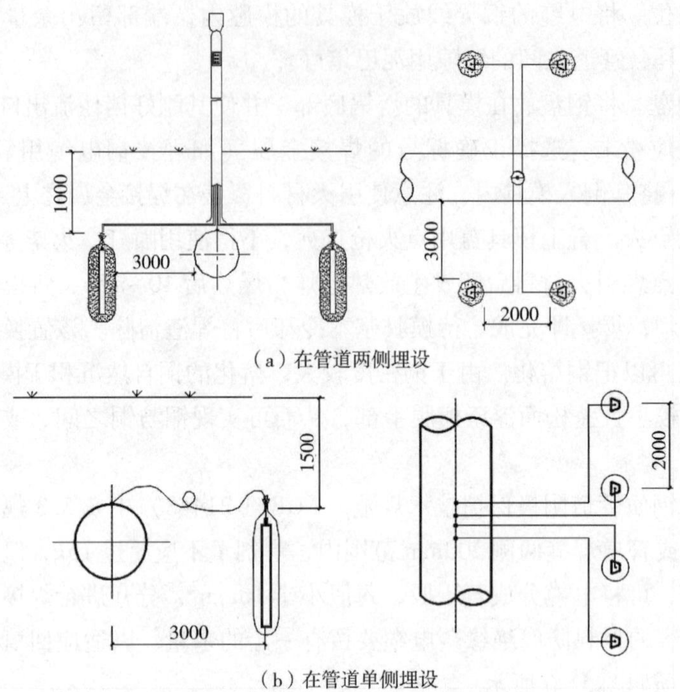

（a）在管道两侧埋设

（b）在管道单侧埋设

图 5-7　牺牲阳极埋设方式

一般而言，普通土壤环境下多使用棒形镁或锌阳极，高电阻率土壤环境或某些特定场合可使用带状镁阳极，如套管内管道的保护使用带状牺牲阳极，如图 5-8 所示。

图 5-8　套管内管道带状牺牲阳极

5.3　强制电流阴极保护

强制电流阴极保护又称外加电流阴极保护，是一种利用电化学原理的金属保护法。

根据阴极保护的原理，用外部的直流电源作阴极保护的极化电源，将电源的负极接管道（被保护构筑物），将电源的正极接至辅助阳极，在电流的作用下，使管道发生阴极极化，实现阴极保护，基本原理如图5-9所示。

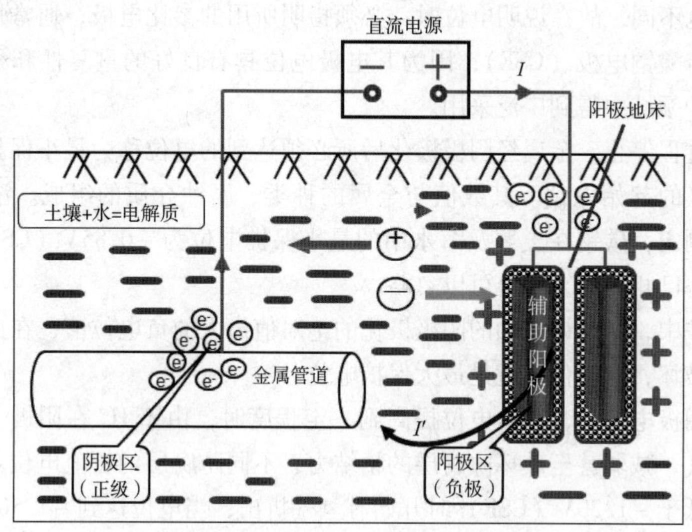

图5-9　强制电流阴极保护的基本原理

如图5-9所示，被保护管道在外接直流电源的强制作用下，电流方向为从管道流向辅助阳极，由于正电荷无法按照此方向移动，则导线中的电子反向移动，不断供给被保护金属，从而抑制了管道在自然环境中因电化学腐蚀而遭到破坏。

（1）阴极保护几个重要专业术语

①自然腐蚀电位

每种金属浸在一定的介质中都有一定的电位，称之为该金属的腐蚀电位（又称自然电位、电偶电位），腐蚀电位可表示金属失去电子的相对难易。无论采用牺牲阳极法还是采用强制电流阴极保护，被保护构筑物的自然腐蚀电位都是一个极为重要的参数。它体现了构筑物本身的活性，决定了阴极保护所需电流的大小，同时又是阴极保护准则中重要的参考点。

相对于饱和硫酸铜参比电极（CSE），不同金属的在土壤中的腐蚀电位（V）见表5-1。

由于在同一电解质中，不同的金属具有不同的腐蚀电位，如轮船船体是钢，推进器是青铜制成的，铜的电位比钢高，所以电子从船体流向青铜推进器，船体受到腐蚀，青铜器得到保护。钢管的本体金属和焊缝金属由于成分不一样，两者的腐蚀电位差有时可达0.275V，埋入地下后，电位低的部位遭受腐蚀。新旧管道连接后，由于新管道腐蚀电位低，旧管道电位高，电子从新管道流向旧管道，新管道首先腐蚀。同一种金属接触不同的电解质溶液（如土壤），或电解质的浓度、温度、气体压力、流速等条件不同，也会造成金属表面各点电位的不同。

②保护电位

保护电位是指阴极保护时使金属腐蚀停止（或可忽略）时所需电位值。此项参数是借助参比电极来测量的，实践中容易实现，所以是阴极保护最基本的参数。由于参比电极不同，所测数值也不同，故在说明电位时，必须指明所用的参比电极，通常情况，所指的参比电极为饱和硫酸铜电极（CSE），因为其电极电位具有良好的重复性和稳定性，构造简单，在阴极保护领域中得到广泛采用。

为使腐蚀过程停止，金属经阴极极化后所必须达到的电位称为最小保护电位，也就是腐蚀原电池阳极的起始电位。其数值与金属的种类、腐蚀介质的组成。浓度及温度等有关。根据实验测定，碳钢在土壤及海水中的最小保护电位为 -0.85V（CSE）左右，此时碳钢的腐蚀速率已相当小，完全可以忽略。

在阴极保护中，所允许施加的阴极极化的绝对值最大的负电位值，在此电位下管道的防腐层不受到破坏，此电位值就是最大保护电位。

管道通入阴极电流后，其负电位提高到一定程度时，由于 H^+ 在阴极上的还原，管道表面会析出氢气，减弱甚至破坏防腐层的粘结力，不同防腐层的析氢电位不同。沥青防腐层在外加电位低于 -1.20V（CSE）时开始有氢气析出，当电位达到 -1.50V（CSE）时将有大量氢析出，将使被保护管道的防腐绝缘层与管道金属表面的粘接力受到破坏，产生阴极剥离，严重时可以出现金属“氢破裂”。因此，对于沥青防腐层取最大保护电位为 -1.20V（CSE）。若采用其他防腐层，最大保护电位值也应经过实验确定。聚乙烯防腐层的最大保护电位可取 -1.50V（CSE）。

③最小保护电流密度

使金属腐蚀下降到最低程度或停止时所需要的保护电流密度，称作最小保护电流密度。保护电流密度与金属性质、介质成分、浓度。温度、表面状态（如管道防腐层状况）、介质的流动、表面阴极沉积物等因素有关。对于土壤环境而言，有时还受季节因素的影响。

因保护电流密度不是固定不变的数值，所以，一般不用它作为阴极保护的控制参数；只有无法测定电位时，才把保护电流密度作为控制参数。例如在油井套管的保护中，电流密度是一个重要参数，可以作为控制参数用。

例如，裸管比有防腐层的管道需要的保护电流密度大得多；土壤电阻率愈小，需要的保护电流密度愈大。由于在实际工作中很难测定腐蚀电池的阴、阳极的具体位置和面积大小，所以对于沿途土壤电阻率和防腐层质量变化较大的长距离管道，则往往偏差较大，但是采用最小保护电流密度法对于较小的金属构筑物，如油罐的罐底、平台的桩等是适用的。故对于管道的阴极保护，常以最小保护电位和最大保护电位作为衡量标准。

④极化电位

阴极极化电位是指瞬间断电测量得出的电位减去金属结构物的自然电位。如图 5-10 所示的极化衰减曲线，在普通情况下断开电源以后不到 1s 内测量瞬间断电的电位值与等一定时间以后大约一天或者两天的时间金属结构去极化后再次测量金属结构的自然电位之间的差值就是阴极极化电位，所得数值正常情况下不会超过 100mV。

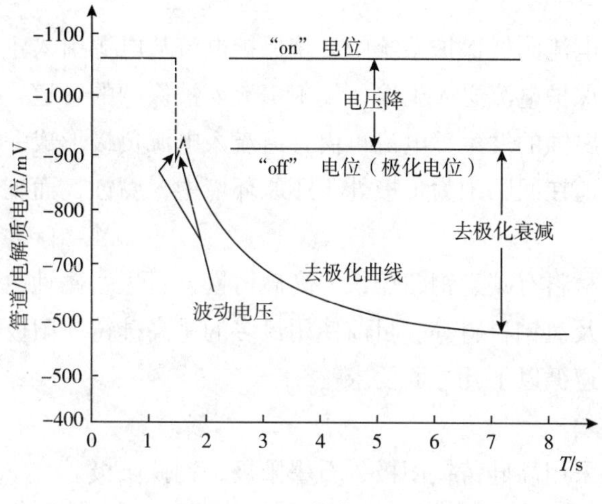

图5-10　极化衰减曲线

(2) 外加电流阴极保护系统

外加电流阴极保护系统主要由四部分组成：电源设备、阳极地床、被保护管道、附属设施，如图5-11所示。

某工程阴极保护系统见图5-12。

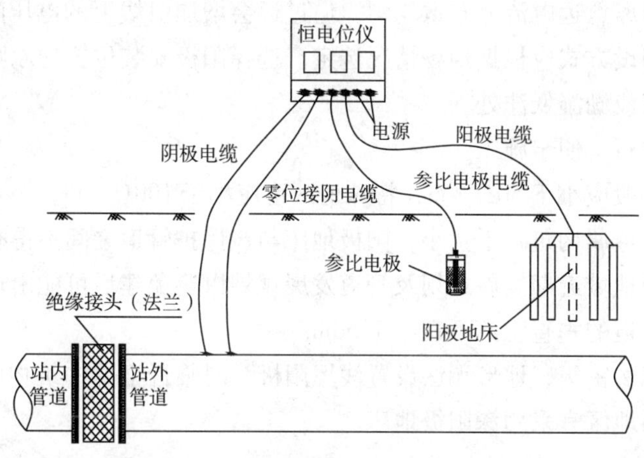

图5-11　强制阴极保护系统示意图

①电源设备（恒电位仪）

强制电流系统要求电源设备能够不断地向被保护金属构筑物提供阴极保护电流，要求电源设备安全可靠；电源电压连续可调；能够适应当地的工作环境（温度、湿度、日照、风沙）；功率与被保护构筑物相匹配；操作维护简单。

目前常用的阴极保护电源设备有太阳能电池、整流器、恒电位仪和多用恒电位仪，这些电源设备都已国产化，如山东青岛雅合、福建三明等厂家生产的恒电位仪广泛应用于石油石化行业，国产恒电位仪不仅能够恒电位输出，还能恒电流输出，有的还可以进行联网将数据传输到应用平台。具体的有关恒电位仪的讲解在下面章节会有详细说明。

②辅助阳极

辅助阳极是外加电流阴极保护系统中，将保护电流从电源引入土壤中的导电体。在阳极地床中辅助阳极把保护电流送入土壤，经土壤流入被保护的管道，使管道表面进行阴极极化，防止了电化学腐蚀的发生，电流再由管道流入电源负极形成一个回路，这一回路形成了一个电解池，管道在回路中为负极处于还原环境中，腐蚀，而辅助阳极进行氧化反应遭受腐蚀。

常用的辅助阳极材料有碳素钢、铸铁、高硅铸铁、石墨、磁性氧化铁、钛基金属氧化物、柔性阳极、铂以及镀铂材料等。目前使用最多的是高硅铸铁阳极，如图5-13所示。

阳极地床的设计遵循以下几方面要求：

a. 阳极种类的选择

在一般土壤中可采用高硅铸铁阳极、石墨阳极、钢铁阳极。

在盐渍土、海滨土或酸性和含硫酸根离子较高的环境中，宜采用含铬高硅铸铁阳极。

高电阻率的地方宜使用钢铁阳极。

覆盖层质量较差的管道及位于复杂管网或多地下金属构筑物区域内的管道可采用柔性阳极，但不宜在含油污水和盐水中使用。

b. 阳极埋设位置的选择

阳极与管道距离愈远电流分布愈均匀，但过远会增加引线上的电压降和投资，因此辅助阳极的距离和埋设方式应根据现场情况选定。选择阳极安装位置的原则是：

地下水位较高或潮湿低洼处。

土层厚，无块石，便于施工。

土壤电阻率一般应小于50Ω·m，特殊地区也应小于100Ω·m。

对邻近的地下金属构筑物干扰小，阳极地床与被保护管道之间不得有其他金属管道。

考虑阳极附近地域近期发展规划及管道发展规划以避免建后可能出现的搬迁。

阳极位置与管道的垂直距离不宜小于50m。

地面金属构筑物密集、地形无法设置浅埋阳极、对临近金属构筑物可能产生干扰和地表土壤电阻率高的地区宜采用深阳极地床。

c. 填料的选择

一般阳极应在粒径小于15mm的焦炭回填料地床中工作，且碳含量不应小于85%。使用填料的作用是：等效地增大了阳极体积，降低阳极接地电阻；把阳极土壤的工作界面转移到填料/土壤界面上，减小阳极消耗，延长阳极寿命；利于阳极产生的气体（O_2、CO、CO_2等）逸出，防止“气阻”。

为利于气体的逸出，在焦炭地床的上部还要填放一些粗砂或砾石，有些地方还要用多孔塑料管插至阳极地床中心，作用一是用于排气，二是必要时可以往里注水。

d. 埋设方式的选择

阳极地床的结构分为浅阳极地床、深阳极地床。

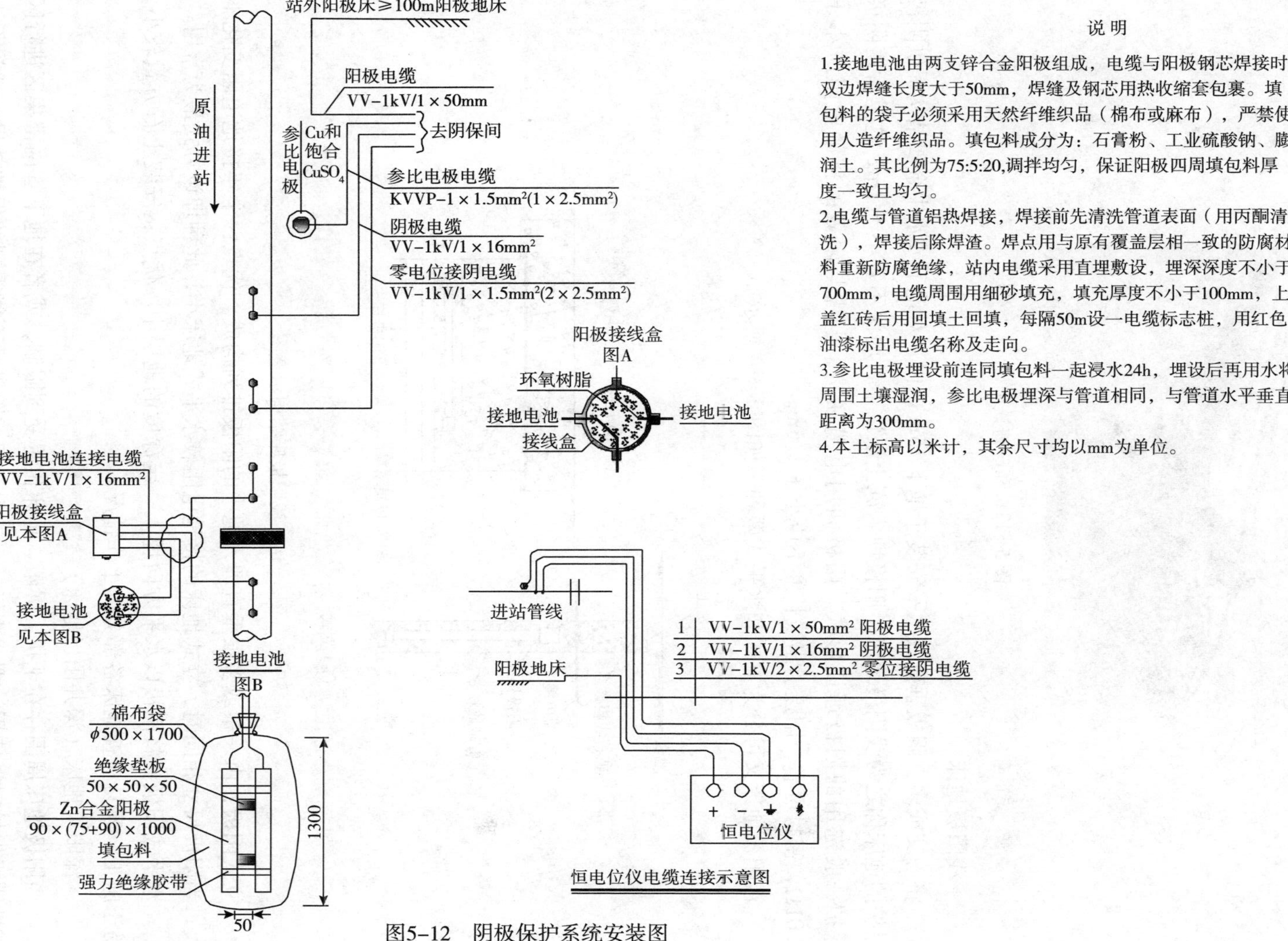

说 明

1.接地电池由两支锌合金阳极组成，电缆与阳极钢芯焊接时，双边焊缝长度大于50mm，焊缝及钢芯用热收缩套包裹。填包料的袋子必须采用天然纤维织品（棉布或麻布），严禁使用人造纤维织品。填包料成分为：石膏粉、工业硫酸钠、膨润土。其比例为75:5:20,调拌均匀，保证阳极四周填包料厚度一致且均匀。

2.电缆与管道铝热焊接，焊接前先清洗管道表面（用丙酮清洗），焊接后除焊渣。焊点用与原有覆盖层相一致的防腐材料重新防腐绝缘，站内电缆采用直埋敷设，埋深深度不小于700mm，电缆周围用细砂填充，填充厚度不小于100mm，上盖红砖后用回填土回填，每隔50m设一电缆标志桩，用红色油漆标出电缆名称及走向。

3.参比电极埋设前连同填包料一起浸水24h，埋设后再用水将周围土壤湿润，参比电极埋深与管道相同，与管道水平垂直距离为300mm。

4.本土标高以米计，其余尺寸均以mm为单位。

图5–12 阴极保护系统安装图

图 5-13　高硅铸铁阳极

＊浅阳极地床

将一支或多支阳极垂直或水平安装于地下 15m 以内，对地下或水中金属结构提供阴极保护的地床称之为浅阳极地床。阳极埋入冻土层以下，埋深不宜小于 1m，这是管道阴极保护一般选用的阳极埋设形式。阳极间用电缆联接，电缆与阳极的接触电阻应小于 0.01Ω，密封可靠，阳极引出线长度不应小于 1.5m。

浅阳极地床又可分为立式和水平式两种，如图 5-14 所示。

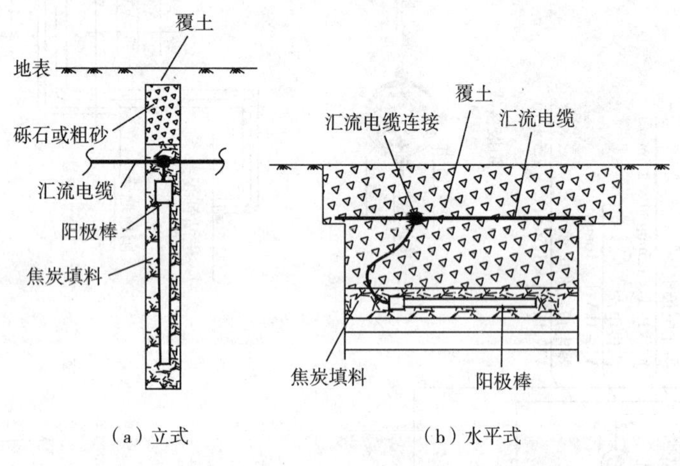

图 5-14　浅阳极床结构示意图

立式阳极：由一根或多根垂直埋入地中的阳极排列构成。优点：全年接地电阻变化不大；当阳极尺寸相同时，立式地床的接地电阻较水平式地床小，此种埋设方式最为常用。

水平式阳极：将阳极以水平方向埋入一定深度的地层中。优点：安装土石方量较小，易于施工；容易检查地床各部分的工作情况。

＊深阳极地床（深井阳极地床）

当阳极地床周围存在干扰、屏蔽、地床位置受到限制，或者在地下管网密集区进行区域性阴极保护时，使用深埋式阳极，可获得浅埋式阳极所不能得到的保护效果，埋深不小于 15m。

深阳极地床根据电解质的不同又分为开孔阳极地床和闭孔阳极地床。开孔阳极地床需要含水电解质，当需要套管时应选用PVC等非金属材料，同时为避免地下水层串联，还需要特殊设计，如图5-15所示。

闭孔阳极地床的部件检查、更换、维修困难，同时对气阻敏感，需要特殊设计，如图5-16所示。

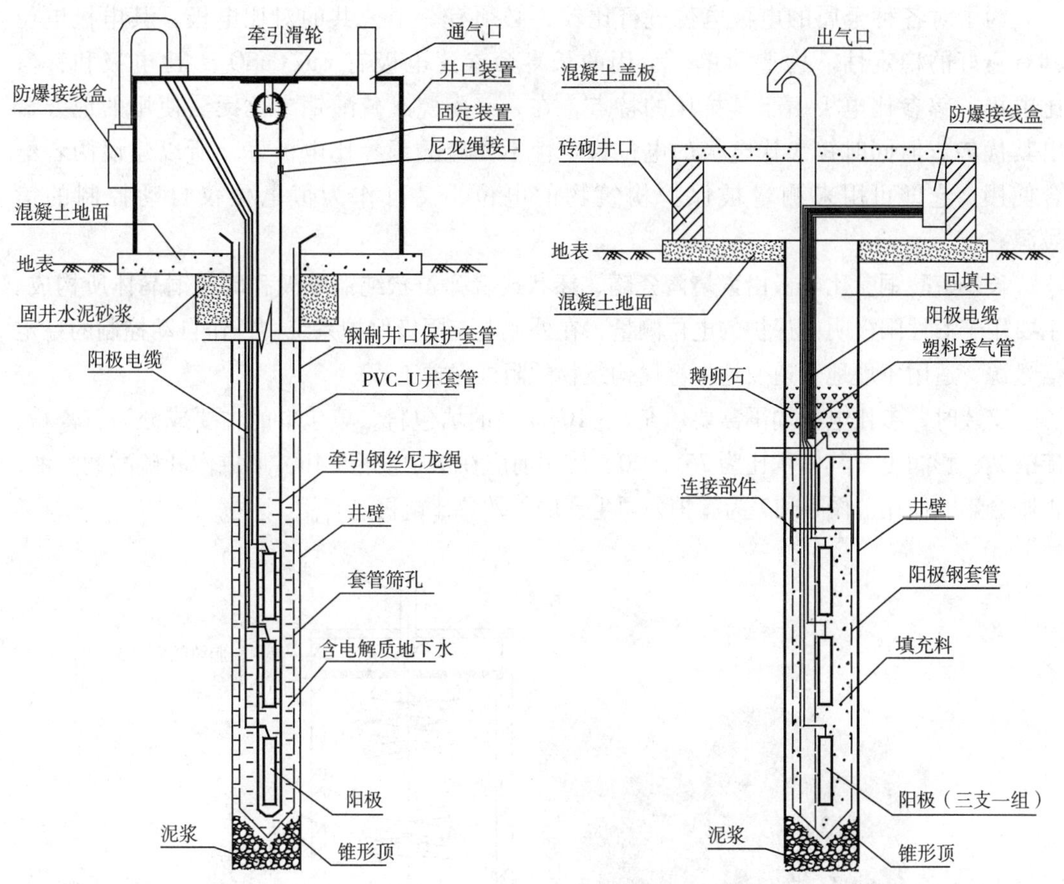

图5-15　开孔阳极地床结构示意图　　　　图5-16　闭孔阳极地床结构示意图

深阳极地床的特点是接地电阻小，对周围干扰小，消耗功率低，电流分布比较理想。它的缺点是施工复杂技术要求高，单井造价贵。尤其是深度超过100m的深阳极需要大型钻机，限制了它的应用。

按照规范，阳极地床通常使用冶金焦炭、石油焦炭、石墨填充料，使用时应符合下列要求：

石墨阳极、高硅铸铁、含铬高硅铸铁、铂和钛金属氧化物等阳极应加填充料；

在沼泽地、流沙层可不加填充料，钢铁阳极可不加填充料；

预包覆焦炭粉的柔性阳极可直接埋设，不必填充料；

填充料的含碳量宜大于90%，约98%通过20目筛，而80%通不过100目筛。

阳极线缆选用VV_{22}-1000V型或VV-1000V型电缆，截面积不小于$10mm^2$，电缆与阳极接触电阻应小于0.01Ω。

5.4 阴极保护附属设施

(1) 参比电极

为了对各种金属的电极电位进行比较，必须有一个公共的对比电极，其电极电位具有良好的稳定性，构造简单，常用的长寿命参比电极有 $Cu/CuSO_4$ 参比电极和锌参比电极，锌参比电极由于其抗压的特点，在一些陶瓷罐硫酸铜参比无法使用的地方显出其优势。但同时锌参比电极的电位稳定性不如硫酸铜参比电极好，所以建议两者配合使用。它即可用来测量被保护构筑物的电位，又可作为恒电位仪自动控制的信号源。

长效硫酸铜参比电极由素烧陶瓷罐、棒状或者弹簧状纯铜电极和硫酸铜晶体所构成。主要用于牺牲阳极阴极保护的电位测量；在外加电流阴极保护系统中，作自动控制的稳定信号源，适用于埋地管道及地下金属构筑物的阴极保护工程。

安装时，参比电极周围需要填充 5～10cm 厚的填包料。填包料的主要成分为石膏粉、硫酸钠、膨润土，其体积比为 75:5:20。使用前应在水中浸泡 24h，形成饱和硫酸铜溶液，否则会影响使用。图 5-17 为震柏公司生产的长效参比电极。

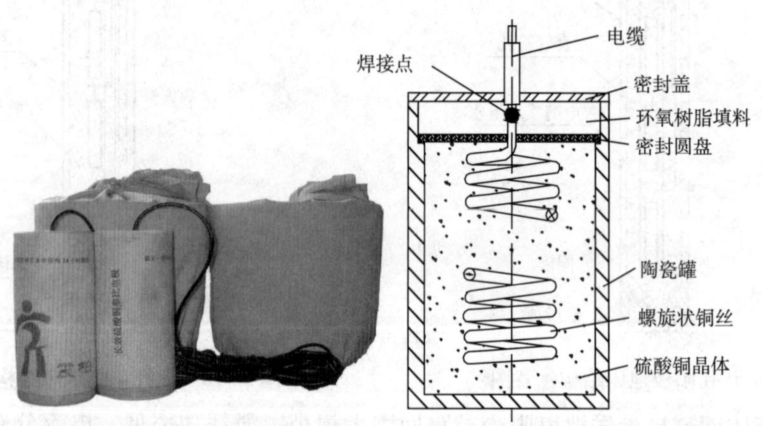

图 5-17 长效硫酸铜参比电极

便携式硫酸铜参比电极适于现场使用。由有机玻璃或绝缘塑料管、棒状或者弹簧状纯铜电极、软木塞和饱和硫酸铜液体构成。主要用于测定地下金属管道的自然电位及阴极保护电位，测定土壤中的杂散电流，也可用于测定电缆金属护套及混凝土中钢筋的电位。该电极在土质较粘的地方，可作外加电流阴极保护体系中的控制电位用参比电极，也可在各类土壤及淡水中应用，如图 5-18 所示。

使用便携式参比电极时，应提前将参比电极的渗透塞（膜）在清水中浸湿，然后将参比电极的末端插入被测金属或管道附近潮湿土壤中，对于干旱土质可采用深埋或灌水方式降低土壤电阻。万用表调至直流 2V 量程，参比电极所带线缆连接黑表笔，万用表红表笔接测试桩内测试线，读取示数即可。

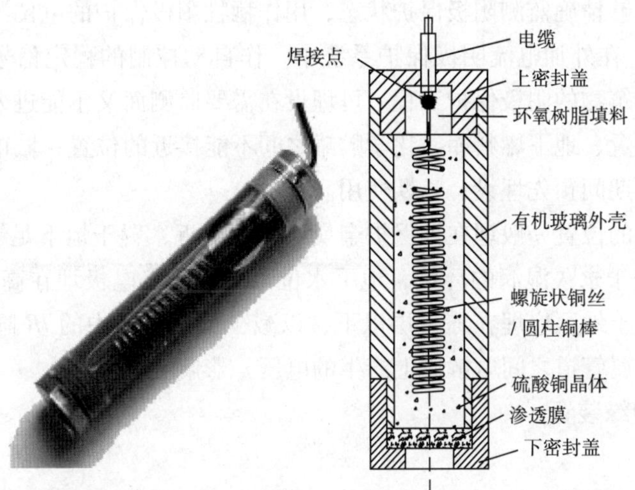

图5-18　便携式饱和硫酸铜参比电极

当参比电极内电极棒发黑时，可使用细砂纸打磨至本色，长期不用时应将参比电极底部朝上放置，以免硫酸铜析出。

饱和硫酸铜参比电极可自行配制，配制方法如下：

①在干净的烧杯中倒入适量的蒸馏水；

②逐渐加入硫酸铜晶体，并用干净的玻璃棒不停的搅拌，使晶体不断的溶解；

③当加入硫酸铜晶体不在溶解时，这时溶液就是饱和溶液；

④清洗参比电极各部件，检查接线、渗透膜（软木塞）、密封件是否完好；

⑤用砂纸打磨铜电极至露出金属光泽；

⑥将配好的溶液加入电极体内，再加入少许硫酸铜晶体，确保饱和度；

⑦将参比电极装备好。

⑧装配好的参比电极在使用前应对其进行比较测试。方法是在池或盆中加入水，取1支组装好的参比电极（待测参比电极）与1支性能良好的参比电极（标准参比电极）放置其中，用万用表测量两支电极的相对电位，绝对值不大于5mV为合格。参比电极的测试如图5-19所示。

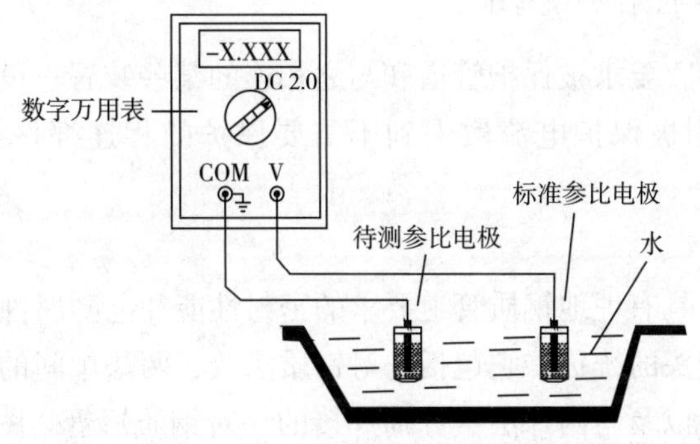

图5-19　参比电极的测试

锌参比电极能够精确监测阴极保护状态，用作牺牲阳极保护的电位测量，保护电位在 0～+0.25V 之间。在外加电流阴极保护系统中，作自动控制的稳定信号源。适用于埋地管道及地下金属构筑物的阴极保护工程。可埋设在需要监测而又不能进入的位置，如：大型容器底部中心位置、地下燃料库、化学贮罐之间不能接近的位置；城市路面底下的管网等，可在工程施工期间预先埋设，长期使用。

参比电极埋设的位置一般埋在被保护金属结构物附近，置于地下足够深（一般 1m 左右）的土壤中，处于永久湿润的环境，地下水位高的地区将电极埋在高于地下水位 20cm 以上的土壤中，冻土地区应埋在冻土层以下，以减少土壤介质中的 *IR* 降（由于电流的流动在参比电极与金属管道之间电解质上产生的电压）影响。

（2）管道电绝缘装置

①绝缘接头

绝缘接头是同时具有埋地钢质管道要求的密封性能、强度性能和电防腐蚀所要求的绝缘性能的管道接头的统称。它包含联合套、绝缘环、绝缘填料、短节、内衬等，是绝缘法兰的替代产品，如图 5-20 所示。

绝缘接头采用整体挤压焊接形式，不采用螺栓、法兰连接。绝缘接头密封元件在接头内部紧靠绝缘板，具有永久的弹性，且密封元件的两面直接与裸露金属表面接触不会移动，确保了接头的紧密性。如图 5-21 所示为沈阳鑫联的一个绝缘接头。

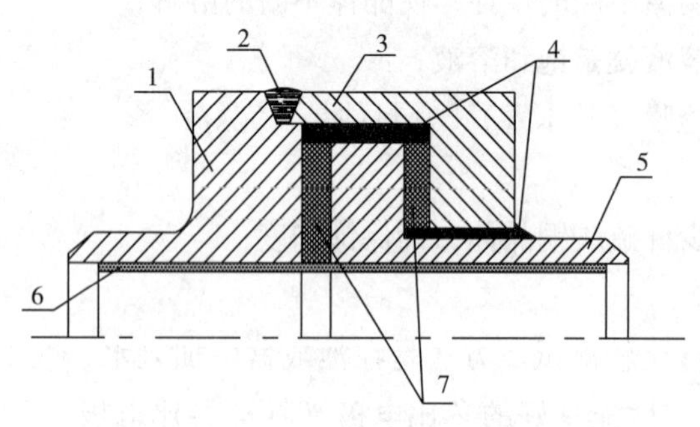

图 5-20　整体型绝缘接头结构

1—左侧短节；2—焊缝；3—联合套；4—绝缘填料；5—右侧短节；6—内衬；7—绝缘环

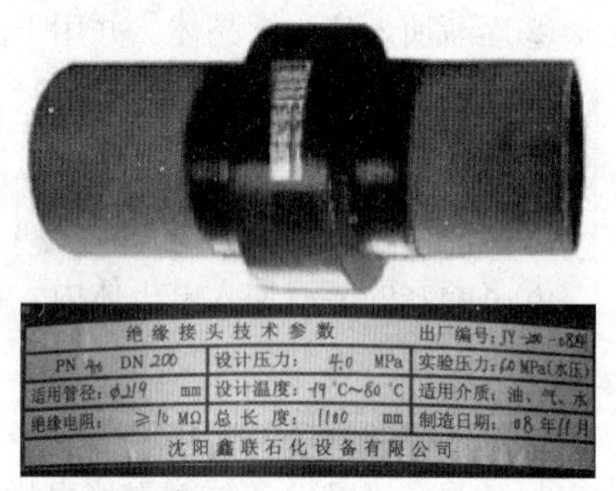

图 5-21　绝缘接头及其参数

在阴极保护工程中，要求被保护管道和与之相连的某些装置、设备、支路间切断电连接，绝缘接头避免了阴极保护电流散失到不需要保护的相连部件上，保证阴极保护的有效。

②绝缘法兰

绝缘法兰是对同时具有埋地钢质管道要求的密封性能和电防腐蚀防护工程所要求的电绝缘性能的管道法兰接头的统称。它包括一对钢质法兰、两法兰间的绝缘密封件、法兰紧固件和紧固件绝缘零件以及与两片法兰分别焊接的一对钢质短管。图 5-22 为绝缘法兰的结构图。

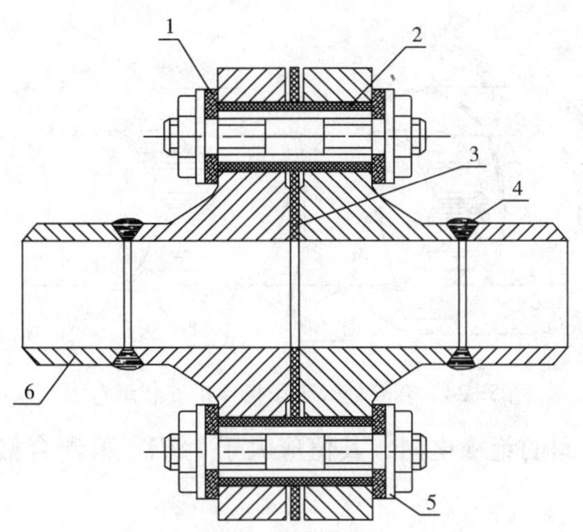

图5-22 绝缘法兰结构图

1—绝缘垫圈；2—绝缘套管；3—绝缘垫片；
4—角焊缝；5—钢垫片；6—短节

如图5-23所示为某输油站的进站管线绝缘法兰。绝缘法兰在安装时，如果与其连接的电缆保护管是金属软管，金属软管也要绝缘，图中画红圈的位置通过设置一个绝缘电木双头丝解决了绝缘问题，否则会导致阴极保护电流的泄露和浪费。目前，大多设计中均已采用橡胶绝缘挠性软管，从根本上解决了金属软管的电绝缘问题。

图5-23 某输油站进站管线绝缘法兰

③绝缘支墩（垫）

当管道采用套管形式穿墙或穿越公路、铁路时，管道与套管必须电绝缘。通常采用绝缘支墩或绝缘垫。图5-24为套管处锌带牺牲阳极保护安装示意图。

管道及支撑架、管桥、穿管隧道、桩、混凝土中的钢筋等必须电绝缘。若管段两端已装有绝缘接头，使架空管段与埋地管道之间绝缘，则此时管道可以直接架设在支撑架上无需电绝缘。

同时按照GB 50369中13.1.3规定，输送管穿入套管前，应进行隐蔽工程检查，套管内的污物应清扫干净。输送管防腐层检漏合格后方可穿入套管内，穿入后应用500V兆欧

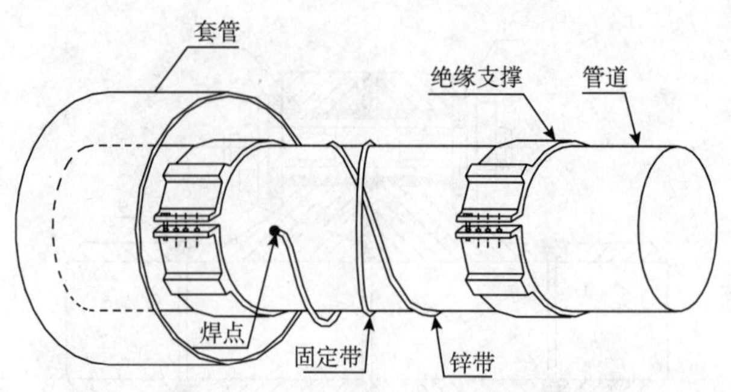

图 5-24　套管处锌带阳极保护安装示意图

表检测套管与输送管之间的绝缘电阻，其值应大于 2MΩ。检测合格后应按设计要求封堵套管的端口。

④其他电绝缘

当管道穿越河流，采用加重块、固定锚、混凝土、加重覆盖层时，管道必须与混凝土钢筋电绝缘，安装时不得损坏管道原有防腐层。管道与所有相遇的金属构筑物（如电缆、管道）必须保持电绝缘。

（3）锌接地电池

在交流干扰影响范围内及雷电多发区，为了防止强电冲击引起的破坏，需要在绝缘接头两侧或电力接地体与管道之间装设由牺牲阳极构成的接地电池。它由两支或四支牺牲阳极（多用锌阳极）用塑料垫块或者绝缘板隔开并成双地绑在一起，共同装在填满导电性填包料的袋子里，如同牺牲阳极各引出一根导线接至相邻的两侧。一旦有强电冲击，强大的电涌将通过填料的低电阻，传到另一侧而不损坏被保护构筑物。绝缘法兰锌接地电池安装如图 5-25 所示。

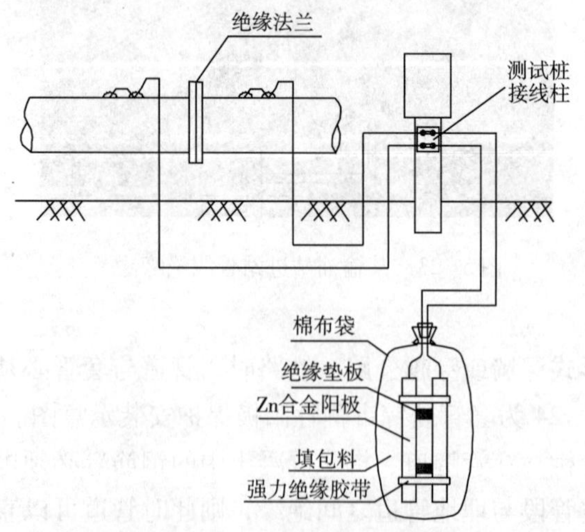

图 5-25　锌接地电池安装示意图

锌接地电池是绝缘接头、绝缘法兰的配套产品，允许瞬时大电流冲击，可为管道绝缘连接提供防雷击和其他高压故障电流保护。与内藏式避雷装置比较，最大的优势是其防护性能可方便地进行检测，因而具有更高的安全可靠性。图5-26为某管线锌接地电池的安装现场。

图5-26　某管线锌接地电池安装现场

（4）检查片

检查片材质应与被保护的管道相同，用于定量分析阴极保护的效果及土壤的腐蚀性。也有用于其他目的的检查片，如在牺牲阳极保护段，用于代表管道，测量自然电位用。一般检查片应埋设在有代表意义的腐蚀性地段（环境中），如污染区、高盐碱地带。杂散电流严重地区以及管道阴极保护范围末端。

检查片的推荐尺寸为100mm×50mm×5mm，采用锯、气割方法制取。为不改变检查片的冶金状态，气割边缘应去掉20~30mm。检查片应有安装孔和编号，编号可用钢字模打印。常规测试周期不得小于1年，推荐周期为1年、2年、5年、10年、20年。

检查片埋设如图5-27所示。

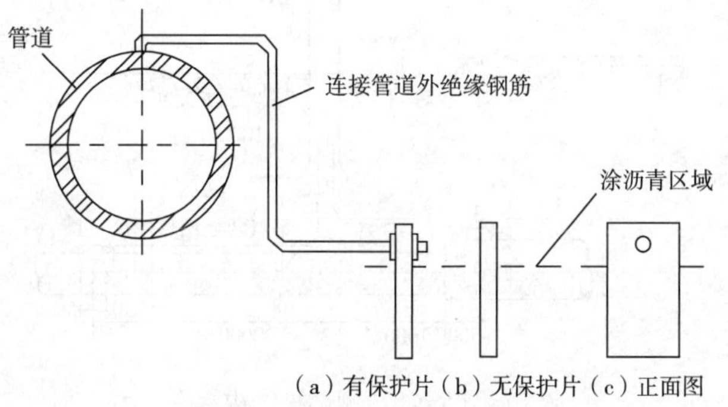

图5-27　检查片安装示意图

在对检查片进行称量前，应使用化学清洗剂（10%硫酸+0.5%硫脲+其他）清洗，再边用水冲洗边用毛刷轻刷，清洗最后放入无水乙二醇中浸泡脱水约5min，取出吹干，放入干燥器内干燥24h后称重。

（5）测试桩

从埋地管道上引出，用于测量管道阴极保护参数的永久性装置。在国外的文献中称之为防腐测试站（Test station）。它沿管道安装，每隔一定距离焊接一组测试导线，引到测试装置上。测试导线可以固定在水泥测试桩上，或置于保护钢管内。长输管线的测试桩一般设置在地上。

测试桩设置原则为：

①电位测试桩，一般每公里处设一支，需要时可以加密或减少；

②电流测试桩，每 5 ~ 8km 处设一支；

③套管测试桩，套管穿越处一端或两端设置；

④绝缘接头测试桩，每一绝缘接头处设一支；

⑤跨接测试桩，与其他管道、电缆等构筑物相交处设一支；

⑥站内测试桩，视需要而设；

⑦牺牲阳极测试桩，一般设在两组阳极的中间部位。

以上设置的测试桩，可以测取管道的保护电位、管道保护电流的大小和流向、电绝缘性能及干扰方面的参数。

测试桩的功能主要区别在接线上。标准的电位测试桩，只需引接两根导线，管道测试电缆接红色接线端子，参比电极电缆接黑色接线端子；测管道电流要接 4 根导线；测两者间的干扰或绝缘要在相邻构筑物上各引出两根导线。一般来说，测试桩的功能可以结合在一起使用，有时测试桩还可以与里程桩结合。测试桩结构如图 5-28 所示。

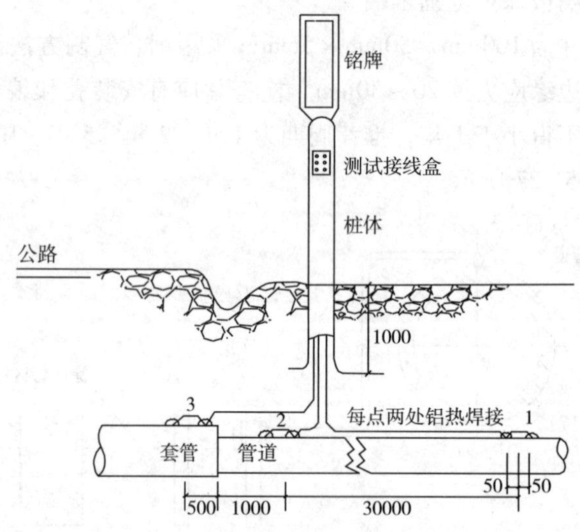

图 5-28　测试桩结构

1—线电流观测点；2—电位测点；3—套管测点

5.5　管道阴极保护准则

（1）阴极保护准则

根据《埋地钢质管道阴极保护技术规范》（GB/T 21448）的要求，管道阴极保护一般情况下应达到以下 5 点要求：

①管道阴极保护电位（即管/地界面极化电位，下同）应为-850mV（CSE，相对于饱和硫酸铜参比电极）或更负。

②阴极保护状态下管道的阴极保护电位不能比-1200mV（CSE）更负。

③对高强度钢（最小屈服强度大于550MPa）和耐腐蚀合金钢，如马氏体不锈钢，双相不锈钢等，极限保护电位则要根据实际析氢电位来确定。其保护电位比-850mV稍正，但在-650~-750mV的点位范围内，管道处于高pH值SCC（应力腐蚀开裂）的敏感区，应予注意。

④在厌氧菌或SRB（硫酸盐还原菌）及其他有害菌土壤环境中，管道阴极保护电位应为-950mV（CSE）或更负。

⑤在土壤电阻率100~1000Ω·m环境中的管道，阴极保护电位宜负于-750mV（CSE）；在土壤电阻率ρ大于1000Ω·m的环境中的管道，阴极保护电位宜负于-650mV（CSE）。

特殊情况下应满足100mV准则，即以上准则难以达到时，可采用阴极极化或去极化电位差大于100mV的判据。但是在高温条件下、SRB的土壤中、存在杂散电流干扰及异种金属材料偶合的管道中不能采用100mV极化准则。

（2）直流排流保护准则

根据《埋地钢质管道直流排流保护技术标准》（SY/T 0017—2006），处于直流电气化铁路、阴极保护系统及其他直流干扰源附近的管道，应进行干扰源侧和管道侧两方面的调查测试。

①判定标准

当管道任意点上管地电位较自然电位便宜20mV或管道附近土壤电位梯度大于0.5mV/m时，确认为直流干扰。

当管道任意点上管地电位较自然电位正向偏移100mV或者管道附近土壤电位梯度大于2.5mV/m时，管道应及时采取直流排流保护或其他防护措施。

②直流干扰程度

管道直流干扰程度一般按管地电位较自然电位正向偏移值按表5-5所列指标判定；当管地电位较自然电位正向偏移值难以测取时，可采用土壤电位梯度按表5-6所列指标判定杂散电流强弱程度。

表5-5 直流干扰度的判断指标

直流干扰程度	弱	中	强
管地电位正向偏移值/mV	<20	20~200	>200

表5-6 直流干扰度的判断指标

杂散电流强弱程度	弱	中	强
土壤电位梯度/（mV/m）	<0.5	0.5~5	>5

③保护措施

排流保护为直流干扰防护的主要措施，但对于干扰严重或干扰状况复杂的场合，采取排流措施后应采取其他相应措施，包括防腐层维修、更换、绝缘连接、均压连接、屏蔽等综合治理措施。常用的直流排流方式如表5-7所示。

表5-7　直流排流保护方式

方式	直接排流	极性排流	强制排流	接地排流
示意图	铁轨 排流线 管道	铁轨 排流器 管道	铁轨 排流器 管道	铁轨 接地床 管道
特点及应用范围	适用于具有稳定的阳极区，并且位于干扰源的直流供电所接接地体或复回归线附近的被干扰管道。具有简单经济、排流效果好的优点，缺点是应用范围有限	适用于管地电位正负交变，并且位于干扰源的直流供电所接接地体或复回归线附近的被干扰管道。具有无需电源，简单经济、应用范围广好的优点，缺点是当管道与铁轨电位差较小时，保护效果差	适用于管轨电位差较小，并且位于干扰源铁轨附近的被干扰管道。其保护范围大，可用于其他排流方式不能应用的场合，在干扰源停运时可对管道提供阴极保护，缺点是加剧铁轨电腐蚀，对铁轨电位分布影响较大，并且需要电源	适用于不能直接向干扰源排流的被干扰管道。其应用范围广，可适应各种情况，对其他设施干扰小，当采用牺牲阳极作为接地时，可提供部分阴极保护电流，缺点是效果稍差，并且需要埋设地床

④效果评价

排流效果的评定均应满足表5-8中的指标要求。

表5-8　排流保护效果评定指标

排流方式	干扰时管地电位 U/V	正电位平均值比 η_v/%
直接向干扰源排流（直接、极性、强制排流）	> +10	>95
	+10 ~ +5	>90
	< +5	>85
间接向干扰源排流（接地排流）	> +10	>90
	+10 ~ +5	>85
	< +5	>80

（3）交流排流保护准则

对于交流杂散电流干扰的评价指标，《埋地钢质管道交流排流保护技术标准》（SY/T 0032—2000）中规定了交流排流保护效果评价指标及保护方法。

①判定标准

在弱碱性土壤中，管道交流干扰电压≤10V；在中性土壤中，管道交流干扰电压≤8V；在酸性土壤或盐碱性环境时，管道交流干扰电压≤6V。

在对管道交流干扰电压进行测量时，参比电极距离管道的距离应≥10m。

②交流干扰程度

当高压输电线路与管道平行接近长度在25km以下时，可采用SY/T 0032附录B所列公式进行磁干扰电压最大值的估算，也可采用其他有效公式进行估算。

管道与干扰源接地体的距离，不宜小于表5-9中的规定。

表5-9　管道与交流接地体的距离

电压等级/kV	10	35	110	220
临时接地点/m	0.5	1.0	3.0	5.0
杆塔或电杆接地/m	1.0	2.5	5.0	10.0
电站或变电所接地体/m	2.5	2.5	15.0	30.0

③保护措施

当确认管道受交流干扰影响和危害时，必须采取与干扰程度相适应的防护措施。常用的交流排流方式如表5-10所示。

表5-10　交流排流保护方式

方式	接线示意图	应用条件	优点	缺点
直接排流	管道 排流线 地床	被干扰管道与地床用导线连接起来；地床材料为钢材等；接地电阻必须小于管道接地电阻	排流效果好；简单经济	阴极保护电流漏失
隔直排流	管道 a b c 排流节 地床 a 电容排流　b 二极管排流　c 钳位式排流	被干扰管道与地床间接入排流节（阻隔直流元件安装在金属箱内），可麦迪或置于地面；接地电阻必须小于管道接地电阻	可应用于阴极保护管道；钳位式排流利用部分干扰电压做阴极保护	结构复杂，价格较贵
负电位排流	管道 排流线 牺牲阳极	被干扰管道与牺牲阳极用导线直接相连	排流效果好；向管道提供阴极保护电流	价格较高，需要注意牺牲阳极极性逆转问题

④效果评价

排流评定点选择不宜少于4点，管线复杂或管地电位多变的管段不应少于6点。评价参照①判定标准所述。

5.6 阴极保护站投入运行

按照恒电位仪的操作程序开启，给定电位保持在 -1.20V 左右，待管道阴极极化一段时间，一般在4h以上开始记录直流电源输出电流、电压，测试通电点电位、管道沿线保护电位、保护距离等。

根据所测保护电位，调整阴极保护汇流点电位至规定值，继续给管道送电使其完全极化，通常在24h以上。

再重复第一次测试工作，并做好记录。若最远端保护电位过低，则需再适当调节阴极保护汇流点电位。

各站通电点电位的控制数值，应能保证相邻两站间的管段保护电位达到 -0.85V，甚至更负。同时各站通电点最负电位不允许超过规定数值。调节阴极保护汇流点电位时，管道上相邻阴极保护站间加强联系，保证各站阴极保护汇流点电位均衡。

当管道全线达到最小阴极保护电位指标后，投运操作完毕，各阴极保护站进入正常连续工作阶段。

5.7 管道阴极保护指标控制

埋地钢制管道应按 GB/T 21447 中有关规定投用阴极保护、中断运行和停止使用的管道，在未明确报废（或拆除）前，阴极保护应保持连续运行。阴极保护的主要控制指标应符合 GB/T 21448 中有关规定，具体如下：

①保护率等于100%；

②运行率大于98%；

③保护度大于85%；

④保护电位，达到 GB/T 21448 中 2.2.3 要求；

⑤直流干扰地区的排流保护标准应符合 SY/T 0017 的规定；

⑥交流干扰地区的排流保护标准应符合 SY/T 0032 的规定。

管道运行指标的计算方法如下：

(1) 保护率

对所辖埋地钢制管道施加阴极保护程度，按式（5-1）计算：

$$保护率=\frac{管道长-未达有效阴极保护管道长}{管道总长}\times 100\% \tag{5-1}$$

（2）运行率

埋地钢制管道年度内阴极保护有效投运时间于全年时间的比率，按式（5-2）计算：

$$运行率（年）=\frac{年度内有效投运时间（h）}{全年时间（h）}\times 100\% \tag{5-2}$$

（3）腐蚀速率

假设检查片埋设前的原始质量为 W_0，在阴极保护状态下，埋设 t 时间，清楚检查片上的腐蚀产物后的质量为 W_1，其表面积为 S，此时的质量损失为 $G = W_0 - W_1$，则检查片的腐蚀速率如式（5-3）所示：

$$V=\frac{W_0 \cdot W_1}{St}=\frac{G}{St} \tag{5-3}$$

（4）保护度

衡量埋地钢制管道阴极保护效果的指标，一般用失重法计算，如式（5-4）所示：

$$保护度=\frac{G_1/S_1 - G_2/S_2}{G_1/S_1}\times 100\% \tag{5-4}$$

式中　G_1——未施加阴极保护检查片的失重量，g；

S_1——未施加阴极保护检查片的表面积，cm^2；

G_2——施加阴极保护检查片的失重量，g；

S_2——施加阴极保护检查片的表面积，cm^2。

5.8　某油库 $10\times 10^4\ m^3$ 储罐阴极保护系统方案

储罐腐蚀保护的重点是储罐底板的保护。防腐蚀措施有涂料防腐蚀和阴极保护两种方法。涂料防腐蚀是用涂层将金属与介质隔开，起到保护金属的作用，但由于涂层本身有微孔，老化后又易出现龟裂、剥离等现象。若施工质量不良产生针孔，会使裸露的金属形成小阳极，涂层部分成为大阴极而形成局部腐蚀电池，加速漆膜的破坏。因此，采用单独的涂料保护得不到满意的效果。若采用涂料与阴极保护联合防护，则裸露的金属获得了集中的电流保护，弥补了涂层缺陷，是目前储罐罐底防腐蚀最为经济有效的方法。

（1）罐底板内部腐蚀保护

罐底板上表面的腐蚀主要表现为电化学腐蚀，油品存储、转输期间所携带的水分及水蒸气的凝结水下沉的水分都沉积在罐底部，少则 200～300mm，多则可达 800mm，这部分含油污水的矿化度很高，含氯离子高或含有大量的硫酸盐还原菌。当溶有 H_2S、CO_2 等有害物质时，罐底部的腐蚀性很强。当采用加热盘管时，温度的因素及盘管支架焊接时形成的电偶因素都将加剧罐底板的腐蚀。

通常情况下，罐底板内表面的保护采用牺牲阳极的阴极保护，对于阳极品种的选择，由于温度影响不宜选用锌阳极，由于安全因素不宜选用镁阳极，所以多选用铝合金阳极。牺牲阳极易于安装，保护罐底板及罐壁 2m 内的壁板内表面，阳极直接焊接在罐底板上，阳极设计寿命大于20年，而且当阳极消耗为初始质量的85%时可在清罐时进行更换。如图5-29、图5-30所示。

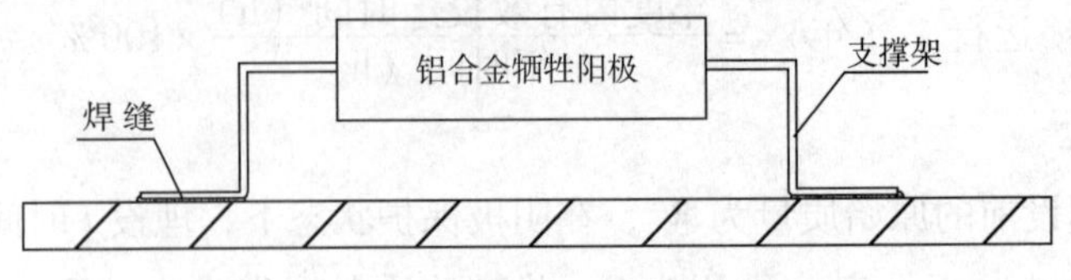

图5-29　铝合金牺牲阳极焊剖面示意图

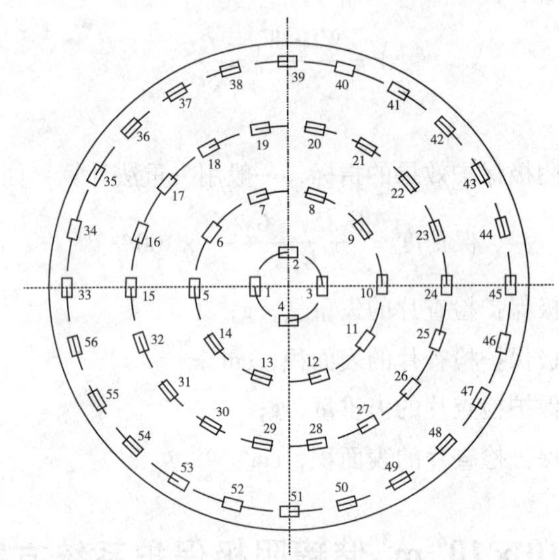

图5-30　铝合金阳极平面布置示意图

(2) 罐底外壁腐蚀保护

如果对原油罐罐底外壁的防护采用涂层+牺牲阳极保护，如此大面积的保护范围需要的牺牲阳极不仅数量庞大，对罐底内表面的阳极可以定期更换，而罐底外壁牺牲阳极则无法做到，且存在不易控制的不足，无法满足商业储备性质的需要。因此目前大多数新建储罐采用外加强制电流进行保护。

以柔性阳极为基础的外加强制电流方式阴极保护系统在石油储罐罐底板阴极保护中的应用最早始于20世纪80年代初，在世界各地的石油储罐中得到了大量的应用。

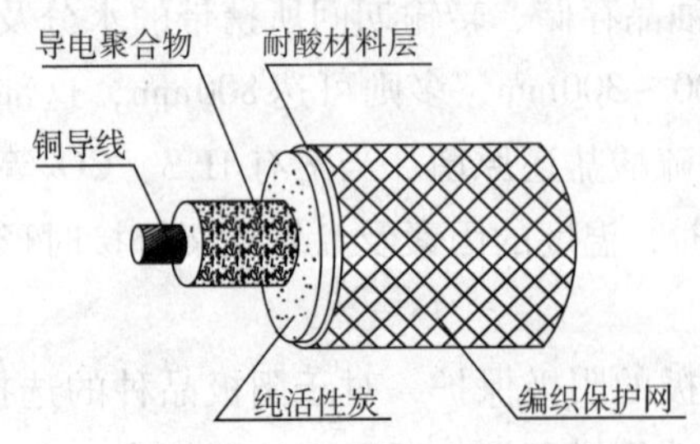

图5-31　柔性阳极结构示意图

柔性阳极是一种线型的、柔韧的、绕线式、碳基的阳极系统。它由铜导线、导电聚合物、纯活性碳、耐酸材料层和编织保护网组成，寿命一般在30年，如图5-31所示。

在使用柔性阳极的保护系统统中，柔性阳极铺设在储罐底板下面，电流分布均匀，不易产生腐蚀干扰。因此油罐底板外壁必须采用涂层+外加电流阴极保护，这样设计寿命可达30

年，满足商业储备性质的需要，但是柔性阳极造价较贵。

柔性阳极起关键作用的是导电聚合物为辅材的中心铜导体。这种结构不但可以防止铜芯受化学腐蚀，并可以保证电流长距离传输。同时，又有小量的阴极保护电流连续不断的滴流、扩散于导电聚合物辅层中，使全长的辅层都有电流渗透。导电聚合物的外层为高性能的活性碳，最外层用耐酸碱的编织层包扎。这种结构可以使现场松散的活性碳容易处理，从而简化了现场的安装程序。

下面以某商业储备库 $10\times10^4m^3$ 储罐为例介绍强制阴极保护系统。储罐采用的柔性阳极型号为 AFLX－1500 型，阳极外径为35mm，标准质量为1.49kg/m，敷设深度（储罐底板）为500mm以上，活性碳消耗率为1kg/年，最大输出电流密度52mA/m。

柔性阳极是整个阴极保护系统的核心部件，该系统安装在储罐底板下500mm以上深度的粗砂层中，柔性阳极预埋孔中心位于罐区地坪下500mm，共18个，穿管采用PE管预埋在储罐圈梁内。柔性阳极敷设断面如图5－32所示。

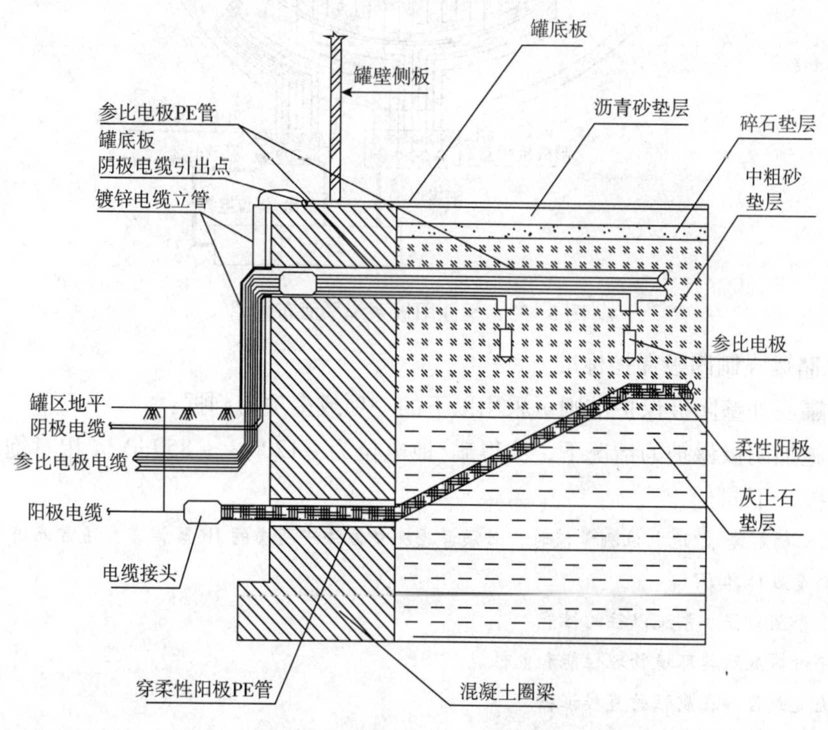

图5－32　柔性阳极敷设断面图

储罐柔性阳极系统平面图如图5－33所示。每条柔性阳极呈S状敷设，共计9条，18个阳极电缆汇总到防爆接线箱后连接到恒电位仪的正极上，2条阴极电缆与罐底板的边缘板焊接引出汇总到防爆接线箱连接到恒电位仪的负极上，另外在罐底边缘板上使用同样的方法引出1条零位电缆用于测量，6个参比电极电缆汇总到防爆接线箱后引至恒电位仪，这样就形成一个保护回路。通电后，适量的阴极防护电流就可以通过导线均匀分散到每一个部位，使储罐得到完整保护。

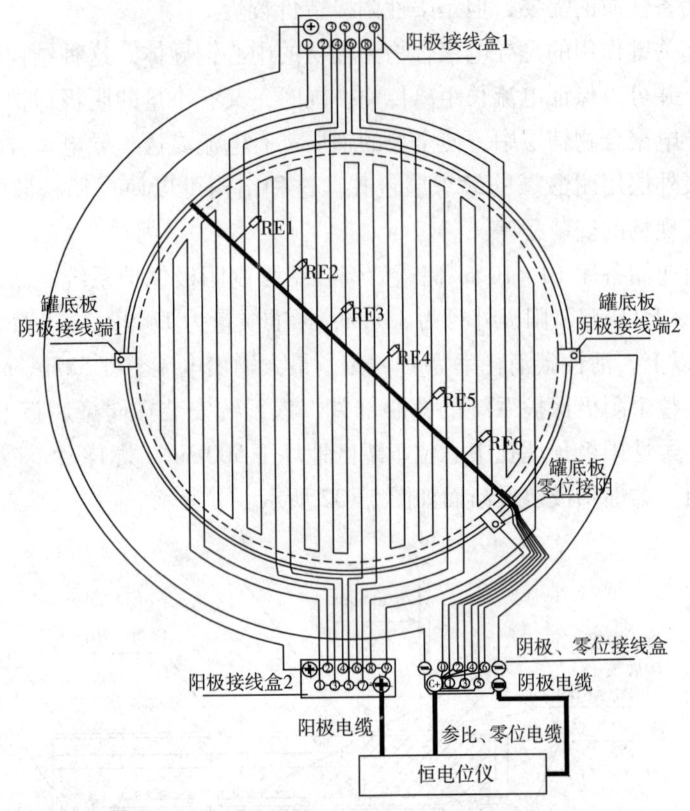

图5-33　柔性阳极系统平面布置图

（3）储罐强制阴极保护标准

储罐罐底外壁阴极保护准则可采用以下的一项或多项为判据：

①在施加阴极保护的情况下，测得罐/地电位为 -1200 ~ -850mV（相对饱和铜/硫酸铜参比电极，下同）。

注：在正确解释罐/地电位测量值时，必须考虑测量方法中所含的IR降误差，通常采用下述方法：

（1）测量或计算*IR*降。

（2）检查阴极保护系统以往的性能。

（3）评价罐底及其环境物理性能和电性能。

（4）确定是否存在腐蚀的直接证据。

②相对饱和铜/硫酸铜参比电极的罐/地极化电位为 -1200 ~ -850mV（一种常见的极化电位测量方法是采用“瞬时断电”技术）。

③罐底金属表面与同介质接触的稳定的参比电极之间阴极极化电位最小为100mV，该准则可用于极化的形成或衰减。

练习题

（1）强制阴极保护系统由哪几部分组成？

（2）阳极地床有哪几种形式及使用范围？

（3）简述铝热焊接的原理。

（4）新装配好的便携式硫酸铜参比电极怎样判断其好坏？

（5）简述直流排流、交流排流有哪些方式。

（6）管道阴极保护有哪些控制指标，具体怎样计算？

第6章　管道检测及巡护

管道保护工作应该在国家法规及行业规范、企业规章等制度的要求下依法落实各项工作，做好管道检测的日常管理及巡护工作，掌握应急管理及处置的有效监测、监测措施。具体规定如下：

（1）认真贯彻执行国家安全生产方针、政策、法律、法规、规章、规程、技术规范、行业标准、上级有关安全生产规定以及本单位安全生产规章制度，坚持安全生产“五同时”，对分管的各项业务安全负责。

（2）定期对管道穿越、隧道、线路交叉、水工保护、阀室、阴极保护站进行检查，对违章占压以及管道沿线情况进行巡查和隐患排查，落实管道检测和隐患整改，确保管道运行安全。

（3）做好管道阀室（阀井）及附属设施、管道阴极保护系统及其相关设备仪器的日常运行和管理，确保管道阴极保护率100%，恒电位仪开机率大于98%以上。

（4）每日巡检恒电位仪等电源设备，填写运行记录表。无人值守的阴极保护站酌情减少频次。

（5）每月实地测量管道沿线保护电位、绝缘法兰电位等阴极保护参数，做好记录，绘制电位分布图，并进行分析，发现异常及时上报。

（6）每季度全面清查了管道沿线所有出租屋、闲置房（院落）等，收集管道沿线物权人信息，建立联系点，培养信息员，排查打孔盗油危险管段。

（7）每年根据管道沿线排查结果进行分区分级管理，确定高后果区、隐患区、重点管理区、一般管理区，分级制定防范措施。

（8）负责外管道巡线工管理工作。开展岗位培训和应急预案演练，定期考核，确保管道巡护质量。

（9）落实特殊时期的管道巡护、驻点等防范措施，确保重点管段及管道沿线设施完整无损，发现问题及时汇报。

（10）对巡线人员、报警人员汇报的问题，及时到达现场核对，制止和清理管道沿线的违章建筑物，制止危及管道安全的行为。

（11）通过各种形式开展管道保护安全知识的宣传，贯彻落实《中华人民共和国石油天然气管道保护法》。

（12）参与辖区内管道安全事故应急预案编制、重大维抢修、改造方案的审查，参加新建、扩建、改建管道投用前的检查验收。

（13）负责辖区防洪防汛应急物资的日常管理，定期清点、核查，及时上报补充需求。

注重收集统计管道沿线应急资源。

（14）负责辖区管道日常维修项目方案的编制和上报，落实施工现场安全管理。

（15）落实第三方施工现场24h监护和防范措施确认，制止和纠正违章指挥、强令冒险作业、违反操作规程的行为。

（16）协助本单位外管道事故的调查处理，对安全事故严格执行“四不放过”原则。

（17）收集、整理油气管道涉及的法律法规和有关管道保护文件，加强与县、乡镇地方政府之间的联系，确保应急情况下联防联动，同时做好管道隐患治理和反打孔盗油工作协作，确保管道安全运行。

6.1　阴极保护参数的测量

（1）基本测量仪表

管道测量仪表应具有满足测量要求的显示速度、准确度和量程；同时还应具有携带方便、供电方便、适应现场测量环境的特点，宜优先选用数字式仪表，具体选用、测量方法参照《埋地钢质管道阴极保护参数测量方法》（GB/T 21246）。

管道测量参数主要包括电阻、电流、电压三类参数。通常使用的仪表有数字万用表、接地电阻表、绝缘电阻表，如图6-1所示。测量中使用的参比电极通常是饱和硫酸铜便携式参比电极，仪表的具体使用方法在下面的章节中有相应的介绍。

（a）数字万用表

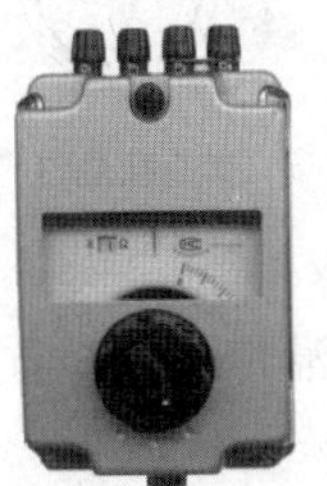

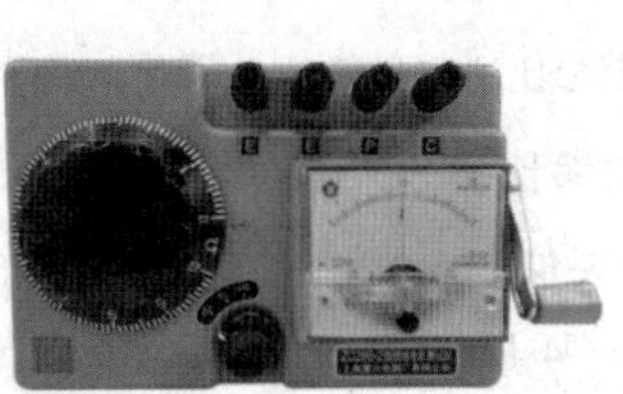

（b）接地电阻表

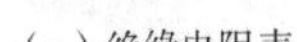

（c）绝缘电阻表

图6-1　测量仪表

（2）管道阴极保护参数的测量方法

①管地电位的测量

管地电位是指管道与其相邻电解质（土壤）的电位差。测量方法主要有地表参比法、近参比法、闭路（移动参比）法。技术标准参照《埋地钢质管道阴极保护参数测试方法》（SY/T 0023）有关规定。

a. 地表参比法

一般情况下，管道防腐层较好，漏电流小时选用地表参比法。测量时，将参比电极放置在垂直管道（或管顶）的地表面上，并确保参比电极底部的渗透膜与土壤接触良好，对于干旱土质可采用深埋或者灌水的方法。

通过电压表测量管道与参比电极间的电位，电压表的内阻应大于20kΩ/V，一般数字万用表均可满足这一要求。

将数字万用表档位开关拨到直流（DC）0～2.0V档位，把万用表的负接线柱（COM口）与参比电极连接，正接线柱（V）与管道连接，测量接线图如图6-2所示，万用表此时指示的电压值是管道相对于硫酸铜参比电极的电位，正常情况下显示负值，小于等于-0.85V。

b. 近参比法

对于绝缘情况较差，泄漏电流较大的管道测量时，应采用近参比法，即在管道测试点正上方挖坑深埋参比电极，原则上距离管道距离越小越好，实际中一般将参比电极放置于离管道外壁30～50mm的土壤中测量，尽可能减小*IR*降引起的误差，测量方法如图6-3所示。

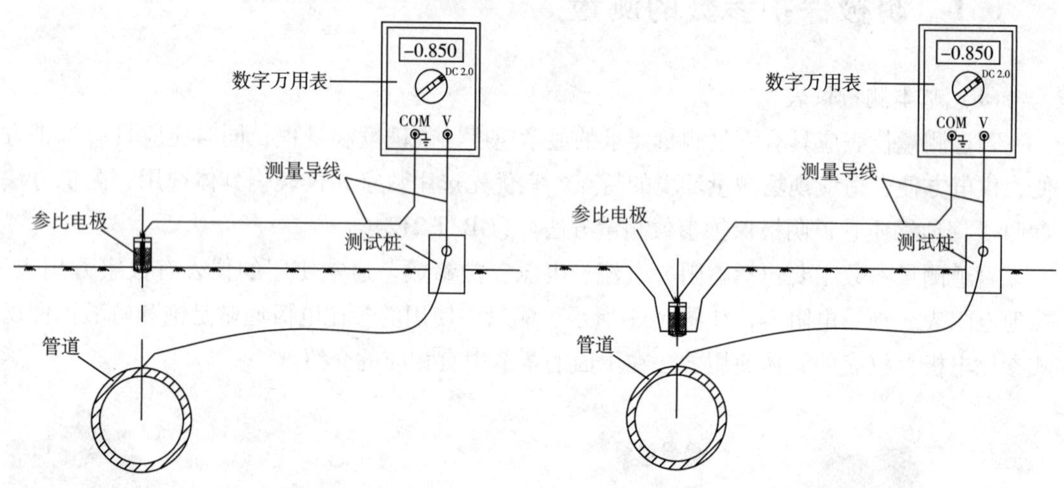

图6-2　地表参比法测量管地电位　　图6-3　近参法测量管地电位

c. 闭路（移动参比）法

此法和前二种类似，是将参比电极在地面上沿管道的正上方逐点移动，以测出各点的管/地电位，如图6-4所示。

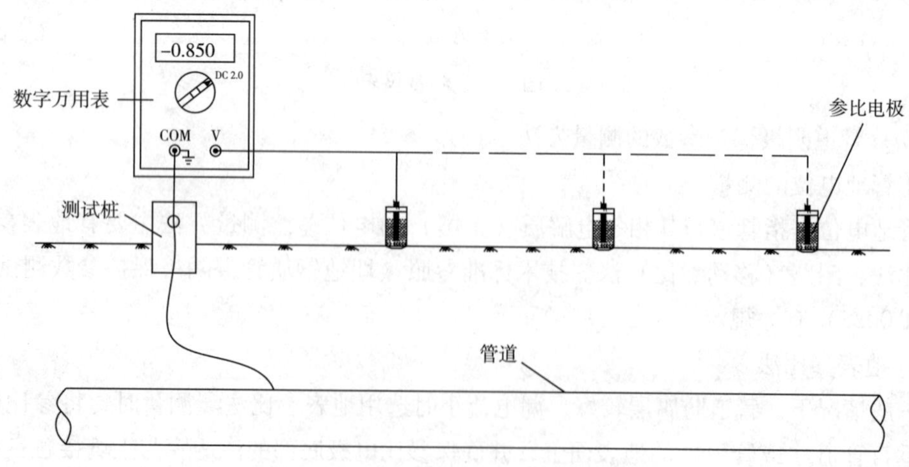

图6-4　闭路（移动参比）法测量管地电位

特别注意的是如果使用机械万用表测量管地电位，由于内部电路结构的差异，万用表的正极要与参比电极连接。

②管道自然电位的测量

管道在未实施阴极保护的情况，或对已实施过阴极保护的管道完全断电24h后使用饱和硫酸铜参比电极测量管道测试桩电位，其一般电位在-0.40～-0.60V之间，测试方法如上所述。

③管道保护电位测量

管道保护电位，也称通电电位（V_{on}）是适用于施加阴极保护电流时，管道对电解质（土壤）的电位。按照上述方法测得的电位实际上是包括管道极化后的电位与回路中其他所有IR降的和，其一般电位在-0.85～-1.20V之间。

测量步骤如下：

a. 测量前，应确认阴极保护系统运行正常，管道充分极化。

b. 测量时，将硫酸铜参比电极放置在管道上方地表的潮湿土壤上，应保证硫酸铜参比电极底部与土壤接触良好。

c. 测量接线图如图6-2所示。

d. 将数字万用表档位开关拨到直流（DC）0～2.0V档位，读取显示数值，做好记录，并注明该电位值的名称。

④管道汇流点电位的测量

汇流点电位是指阴极电缆与被保护管道连接点的电位，该处的电位较管道其他地方电位更负，一般情况下该连接点位于绝缘法兰与被保护管道焊接侧，所以最接近真值的汇流点电位应该在此处测得。

测量方法有两种：一是直接从恒电位仪上读取该电位值，即恒电位仪设定的保护电位值，或者是使用万用表测量恒电位仪的测参端子和零位接阴端子间的电压获得该电位值；二是由于此处不设单独的测试桩，只能利用在绝缘法兰的两侧连接着接地电池的测试桩，人工使用便携参比电极近似地测得汇流点电位。

特别注意的是使用第二种方法测量时，首先打开测试桩内的连接片使四个接线柱独立，为区分四个接线柱的接线，不妨假设四个接线柱的标号为A～D，使用便携参比电极依次测得其电位值为V_A、V_B、V_C、V_D，如图6-5所示。

由于站（库）内管道未受到强制阴极保护，其电位值V_A为管道自然电位，一般为-0.40～-0.60V；站外管道受到强制阴极保护，其电位值V_D应于恒电位仪上的设定值一致，在不知道恒电位仪设定值时，其电位应在-0.85～-1.20V之间；其余两个接线柱由于连接的都为金属锌电极，两个电位V_B、V_C几乎相等，大小应为其自然腐蚀电位，相对于饱和硫酸铜为-1.10V左右。

判断出站外管道接线柱后，就图6-5来说，前面测得的电压V_D即为汇流点电位。

⑤断电电位的测量

断电电位（V_{off}）是指断电瞬间测得的管道对电解质（土壤）电位，适用于能够同步

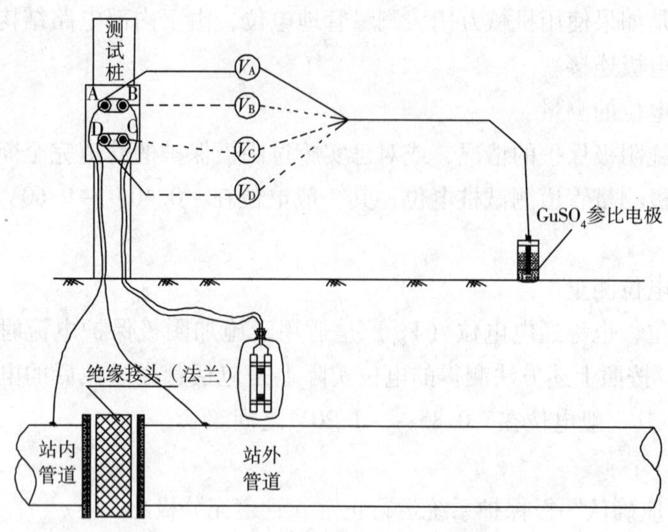

图6-5　接地电池测试桩测量

中断多组牺牲阳极、牺牲阳极与管道直接连接和强制电流设备，并且不受直流杂散电流干扰的管道，通常情况下，应在切断阴极保护电流后和极化电位尚未衰减前立刻测量，这样就使测得的断电电位是消除了保护电流所引起的IR降后的管道保护电位。测量步骤如下：

a. 测量前，确认管道阴极保护正常运行，管道已充分极化。

b. 测量时，对测量区间有影响的阴极保护电源安装电流同步断续器，并设置合理的通断周期，同步误差小于0.1s。合理的通断周期和断电时间设置原则是：断电时间尽可能的短，但又应有足够长的时间在消除冲击电压影响后采集数据。断电期不宜大于3s，典型的周期设置为：通电12s，断电3s。

c. 将硫酸铜参比电极放置在管道上方地表的潮湿土壤上，应保证硫酸铜参比电极底部与土壤接触良好。

d. 测量接线图如3.2.1所述。

e. 读取显示数值，将数字万用表档位开关拨到直流（DC）0~2.0V档位，读数应在通断电0.5s之后进行。

f. 记录下通电电位（V_{on}）和断电电位（V_{off}），所测断电电位即为硫酸铜参比电极安放处管道保护电位。

g. 如果怀疑冲击电压的影响，应使用脉冲示波器或高速记录仪对所测结果进行核实。（冲击电压：阴极保护电流被中断或施加的瞬间，由于过度过程引起的管道上的瞬间性电位波动）

⑥牺牲阳极电位的测量

a. 牺牲阳极开路电位

牺牲阳极开路电位是指牺牲阳极在埋设环境中与管道断开时的开路电位。测量时首先断开牺牲阳极与管道的连接，测量方法与管地电位测量方法一样，测量完成后将牺牲阳极与管道连通。

b. 牺牲阳极接入点的管地电位

牺牲阳极接入点电位是指牺牲阳极在埋设环境中与管道连接时的电位。为消除牺牲阳极工作时产生的地电位正偏移所引起的管地电位测量误差，测量时应采用远参比法如图6-6所示。测量步骤如下：

ⓐ将硫酸铜参比电极朝远离牺牲阳极的方向逐次安放在地表上，第一个安放点距离管道测量点不小于20m，以后逐次移动5m。

ⓑ将万用表拨到直流2.0V档位，读取第一点数据并记录。移动参比电极至第二个安放点，直至相邻两个安放点的电位差小于2.5mV时，参比电极不再向远处移动，取最远处的管地电位值作为该测量点的管地电位值。

⑦牺牲阳极输出电流的测量

牺牲阳极的输出电流测量是监视阳极性能的一项重要参数，在管道测试中要求并不严格。有时可采用万用表中内阻最小的电流档直接测取，测出的电流值略小于实际值，因为回路串入了表的内阻。

牺牲阳极电流参数的测量应注意测试过程中不要造成回路的断路，否则，测得的电流不准，常用的测试方法有标准电阻法和直侧法两种。

a. 标准电阻法

标准电阻法是将标准阻值 R 的电阻（0.1Ω 或 0.01Ω）串联到牺牲阳极和管道之间，测得电阻两端电压值 V 后，根据欧姆定律即可计算出输出电流 I 的大小（$I=V/R$）。接线图如图6-7所示。

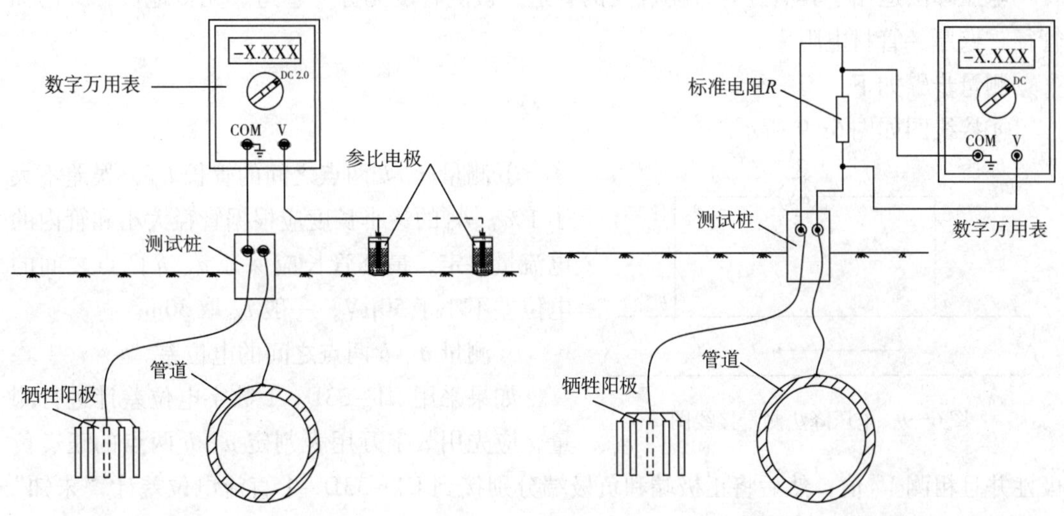

图6-6　远参比法测量牺牲阳极接入点管地电位　　图6-7　标准电阻法测量牺牲阳极输出电流

标准电阻接入导线的总长度不宜大于1m，截面积不宜小于2.5mm²。标准电阻的阻值宜为0.1Ω，准确度为0.02级。为获得更高精度的测量结果也可选0.01Ω，采用的数字万用表分辨率应小于0.01mV。

b. 直测法

测量步骤如下：

ⓐ直测法接线图如图 6-8 所示。

ⓑ直测法应选用精度为 4 位半的数字万用表，用直流（DC）10A 量程直接读出电流值。

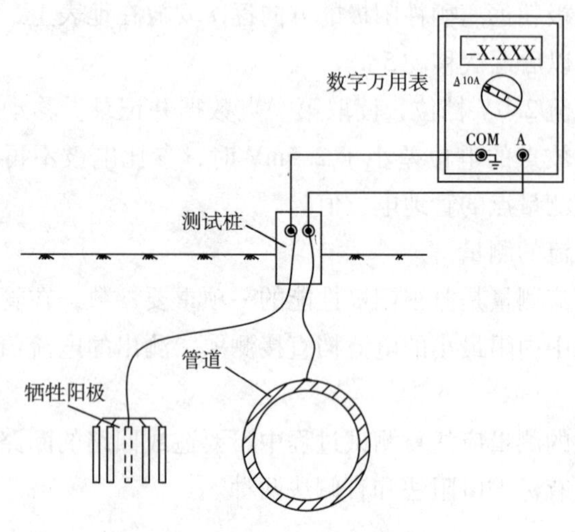

图 6-8　直测法测量牺牲阳极输出电流

⑧管内电流的测量

a. 电压降法

电压降法适用于具有良好外防腐层的管道，被测管段无分支管道、无接地极，又已知管径、壁厚、管材电阻率。

测量步骤如下：

ⓐ接线图如图 6-9 所示。

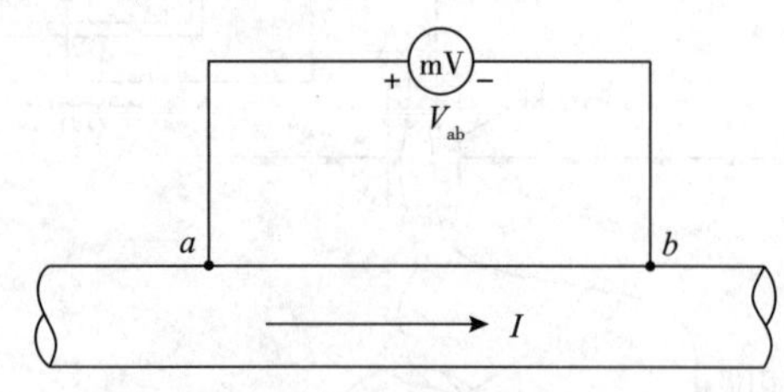

图 6-9　电压降法测量接线图

ⓑ测量 a、b 两点之间的管长 L_{ab}，误差不大于 1%。L_{ab} 的最小长度应根据管径大小和管内的电流量决定，最小管长应保证 a、b 两点之间的电位差不小于 50μV，一般 L_{ab} 取 30m。

ⓒ测量 a、b 两点之间的电位差。

如果采用 UJ－33D－1 数字电位差计进行测量，应先用数字万用表判定 a、b 两点的正、负极性并且粗测 V_{ab} 值；然后将正极端和负极端分别接到 UJ－33D－1 直流电位差计“未知”端的相应接线柱上，细测 V_{ab} 值。当采用分辨率为 1μV 的数字电压表，可直接测量 V_{ab} 值。

ⓓ数据处理。

ab 段管内的电流按式（6-1）计算：

$$I=\frac{V_{ab}\pi\ (D-\delta)\ \delta}{\rho L_{ab}} \tag{6-1}$$

式中　I——流过ab段的管内电流，A；

V_{ab}——管内间的电位差，V；

D——管道外径，mm；

δ——管道壁厚，mm；

ρ——管材电阻率，$\Omega\cdot mm^2/m$；

L_{ab}——电阻间的管道长度，m。

b. 标定法

标定法适用于具有良好外防腐层的管道，被测管段无分支管道、无接地极。在管径、长度、壁厚、钢材电阻率4项参数中，有未知数时，可使用标定法测量管内电流。

测量步骤如下：

ⓐ标定法测量接线图如图6-10所示，其中R宜为0～10Ω的磁盘变阻器，E宜为12V直流电源，毫伏表宜采用UJ－33D－1电位差计或分辨率为1μV的数字电压表，$L_{ac}\geqslant\pi D$，$L_{db}\geqslant\pi D$，L_{cd}的长度不宜小于10m。

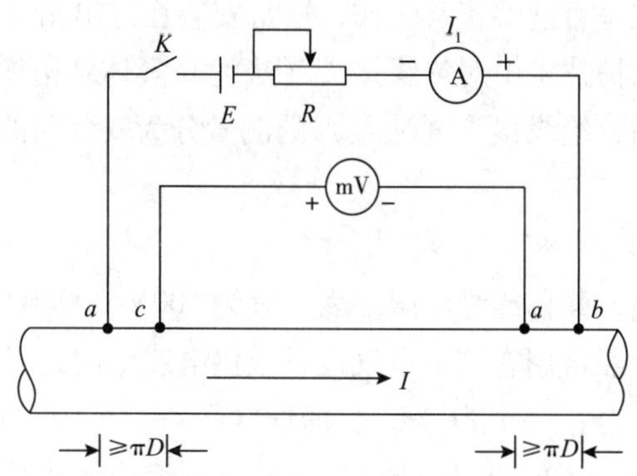

图6-10　标定法测量接线图

ⓑ断开开关K，测量并记录c、d的电位差V_0，单位为mV，并注意极性，以识别被测管内电流流向。

ⓒ合上开关K，调节变阻器R，使电流表的读数I_1约为10A，并同时记录毫伏表测量的c、d电位差V_1。再调节变阻器，使电流表读数I_2约为5A，并同时记录毫伏表测量的c、d电位差V_2，单位为mV，并注意极性，所施加的标定电流应与被测管内电流的流向相同。

ⓓ数据处理。

按式（6-2）、式（6-3）、式（6-4）分别计算施加I_1和I_2时的校正因子β_1、β_2及平均校正因子β。

$$\beta_1=\frac{I_1}{V_1-V_0} \tag{6-2}$$

$$\beta_2=\frac{I_2}{V_2-V_0} \tag{6-3}$$

$$\beta = \frac{\beta_1 + \beta_2}{2} \tag{6-4}$$

式中 β_1——施加 I_1 电流时的校正因子，A/mV；

β_2——施加 I_2 电流时的校正因子，A/mV；

β——平均校正因子（c、d 管段管道电阻的倒数），A/mV；

I_1——第一次标定施加的电流，A；

I_2——第二次标定施加的电流，A；

V_0——未施加标定电流时 c、d 电位差，mV；

V_1——施加 I_1 电流时 c、d 电位差，mV；

V_2——施加 I_2 电流时 c、d 电位差，mV。

c、d 段管内电流按式（6-5）计算。

$$I = V_0 \times \beta \tag{6-5}$$

式中 I——管段管内电流，A。

⑨绝缘接头（法兰）绝缘性能的测量

绝缘接头（法兰）一般是实现受阴极保护、非受阴极保护的重要装置，它的绝缘性能直接影响了阴极保护系统是否能够正常工作，通常安装在进出站（库）的管线上。

在第五章管道阴极保护技术中对绝缘接头（法兰）具体结构详细进行了介绍，本节不在赘述。根据工况的不同，绝缘接头（法兰）的测量分为安装前的绝缘测试和运行中的定性测试两种。

a. 安装前的绝缘测试

使用的设备为兆欧表，又称绝缘电阻摇表，宜为500V/500MΩ，误差不大于10，它是一种测量高电阻的仪表，经常用它测量电气设备或供电线路的绝缘电阻值。

兆欧表的接线柱有三个：一个为“L”，即线端子；一个为“E”，即地端子；另一个为“G”端子，即屏蔽端子（也叫保护环）。一般被测绝缘物体接在“L”、“E”端子之间，但当被测绝缘体表面严重漏电时，必须将被测物的屏蔽端或不需测量的部分与“G”端子相连接。

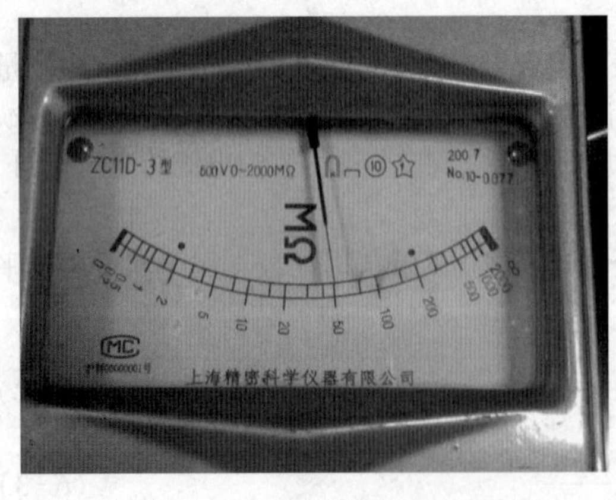

图6-11 绝缘电阻表读数举例

当用兆欧表测量管道绝缘装置（绝缘接头、绝缘法兰等）时，“L”和“E”端连接绝缘装置的两端即可，不分位置方向。

当用兆欧表测量电器设备的绝缘电阻时，一定要注意“L”和“E”端子不能接反。正确的接法是：“L”端子接被测设备导体，“E”端子与接地的设备外壳相连，“G”端子接被测设备的绝缘部分。

兆欧表的表盘刻度以兆欧（MΩ）为单位，如图6-11所示的绝缘电阻为50MΩ。

兆欧表工作时，自身产生高电压，尤其当测量对象是电气设备时，必须正确使用，否则就会造成人身或设备事故。

使用兆欧表测量绝缘接头（法兰）性能步骤如下：

ⓐ测量前要检查兆欧表是否处于正常工作状态，主要检查其“0”和“∞”两点。即摇动手柄，使电机达到额定转速（ZC11D 型兆欧表额定转速为 150r/min），兆欧表在短路时应指在“0”位置，开路时应指在“∞”位置。

ⓑ兆欧表测量接线如图 6-12 所示，测量导线选用多股软线，而且应有良好的绝缘，与管道连接宜采用磁性接头或夹子，连接点除锈。

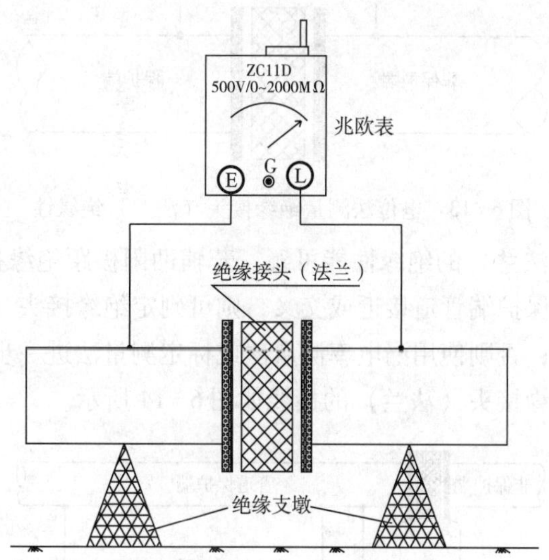

图 6-12　兆欧表测量绝缘接头（法兰）绝缘性

ⓒ兆欧表使用时应放在平稳、牢固的地方，且远离大的外电流导体和外磁场。

ⓓ转动兆欧表手柄达到规定转速，持续 10s，兆欧表指针稳定指示的电阻值即为绝缘接头（法兰）的绝缘阻值。依据《埋地钢质管道阴极保护技术规范》（GB/T 21448）规定绝缘电阻应大于 10MΩ。

b. 运行中的定性测试

绝缘接头一旦安装到管网中，使用兆欧表是无法测试其是否完好的。下面分别介绍运用电位法和漏电电阻法定性判断绝缘接头（法兰）的好坏。

电位法测量绝缘接头（法兰）的接线如图 6-13 所示。

保持参比电极位置不变，用数字万用表分别对测量绝缘接头（法兰）非保护端 a 点的管地电位 V_a 和保护端 b 点的管地电位 V_b。

在绝缘接头（法兰）完好的情况下，管道非保护端与大地接触良好，测得的管地电位 V_a 就是管道自然电位。因为保护端受到恒电位仪的强制保护，其电位即为设定的保护电位。

若 V_b 明显地比 V_a 更负，则认为绝缘接头（法兰）的绝缘性能良好；若 V_b 接近 V_a

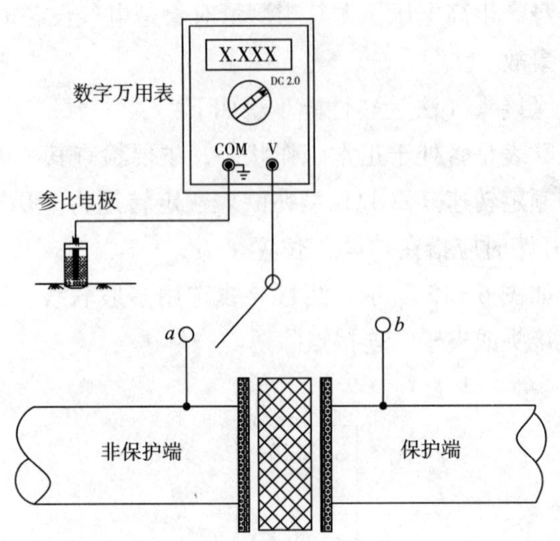

图 6-13　电位法测量绝缘接头（法兰）绝缘性

值，则认为绝缘接头（法兰）的绝缘性能可疑。若辅助阳极距绝缘接头（法兰）足够远，且非保护端管道没有同保护端管道接近或交叉，则可判定绝缘接头（法兰）的绝缘性能很差，即严重漏电或短路；否则使用漏电率测量法或标定测量法进一步判定。

漏电电阻法测量绝缘接头（法兰）的接线如图 6-14 所示。

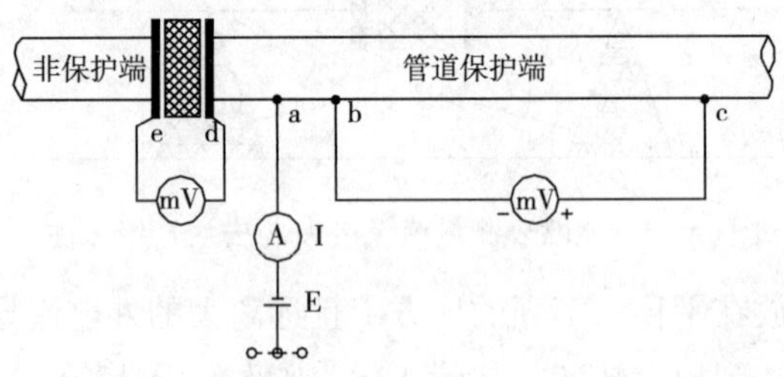

图 6-14　漏电电阻法测量绝缘接头（法兰）绝缘性

需要注意的是漏电电阻法适用范围是当采用电位法判定绝缘接头（法兰）绝缘性能可疑，或需要比较准确确定绝缘电阻及漏电率时，已经安装有绝缘接头测试桩，并符合 GB/T 21246 中 7.1 的条件时，可采用漏电电阻法。

测量步骤如下：

ⓐ如图 6-14 所示，a、b 之间的水平距离大于 πD；采用电位法时 bc 段的长度宜为 30m，而采用标准电阻法时 bc 段长度大于 10m。

ⓑ调节恒电位仪 E 的输出电流 I，使保护侧的管道达到阴极保护电位值。

ⓒ用数字万用表测定绝缘接头（法兰）两侧 d、e 间的电位差 ΔV。

ⓓ按电压降法或标准电阻法（管内电流的测量）测试 bc 段的电流 I_1。

ⓔ数据处理。

绝缘接头（法兰）漏电电阻按式（6-6）计算：

$$R_H = \frac{\Delta V}{I - I_1} \tag{6-6}$$

式中　R_H——绝缘接头（法兰）漏电电阻，Ω；

ΔV——绝缘接头（法兰）两侧的电位差，V；

I——强制电源 E 的输出电流，A；

I_1——出电段的管内电流，A。

绝缘接头（法兰）的漏电百分数按式（6-7）计算：

$$\eta = \frac{I - I_1}{I} \times 100\% \tag{6-7}$$

式中　η——漏电百分数，%。

⑩辅助阳极接地电阻的测量

随着阳极的使用，阳极材料逐渐被消耗，接地电阻值势必增大，进而使阴极保护设备的输出电压变大，设备的损耗也加快，因此辅助阳极的接地电阻一般为 1～3Ω 较为合理。

平时测试辅助阳极的接地电阻的设备为接地电阻测试仪，常用型号是 ZC－8、ZC29B 型。

测量辅助阳极的接地电阻的方法一般有直线法和三角法，如图 6-15 所示。

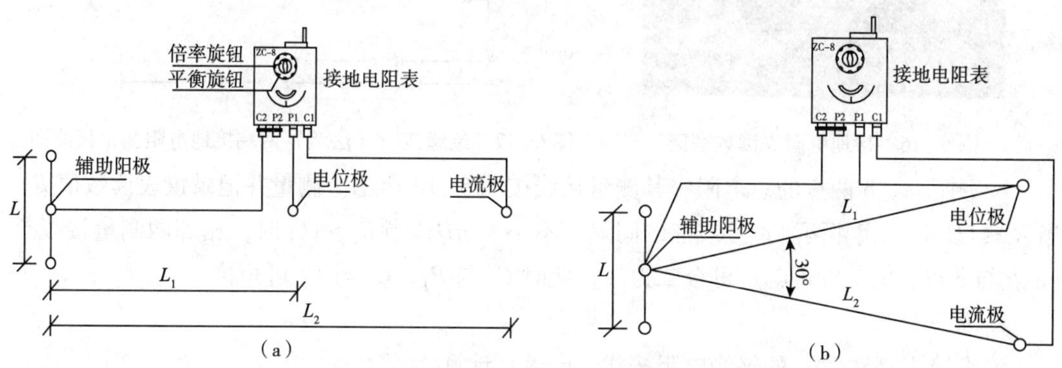

图 6-15　辅助阳极的接地电阻测量方法

使用 ZC－8 测量接地电阻的步骤如下：

a. 当采用图 6-15（a）直线法测量时，距离 L_2 不得小于 40m，距离 L_1 不得小于 20m。在土壤电阻率较均匀的地区，L_2 取 2L，L_1 取 L；在土壤电阻率不均匀的地区，L_2 取 3L，L_1 取 1.7L。

b. 在测量过程中，电位极沿辅助阳极与电流极的连线移动 3 次，每次移动的距离为 L_2 的 5% 左右，若三次的测量值接近，取其平均值作为辅助阳极的接地电阻；若测量值不接近，将电位极向电流极方向移动，直至测量值接近为止。也可以采用图 6-15（b）三角法，此时 $L_1 = L_2 \geqslant 2L$。

c. 转动接地电阻表的手柄，使转速稳定在 120r/min，旋转“倍率旋钮“选择合适的倍率，一般为“×0.1”或“×1.0”，调节平衡旋钮，直至表针指在表盘的黑线上，此时黑线指示的数值乘以倍率即为接电阻值。

如图6-16所示，接地电阻表的倍率为1.0，表针平衡时所指表盘读数为1.6，则接地电阻值是1.0×1.6Ω，即1.6Ω。

⑪接地电阻仪测量绝缘接头（法兰）电阻

接地电阻仪测量法适用于测量在役管道绝缘接头（法兰）的绝缘电阻。

测量步骤如下：

a. 先测量绝缘接头（法兰）两端管道的接地电阻，其测量接线如图6-17所示。分别对a点和b点接地电阻进行测量（d_{12}和d_{13}根据站场或阀室接地体对角线长度L确定），读取并记录仪表读数值R_a和R_b。

图6-16　接地电阻表读数举例

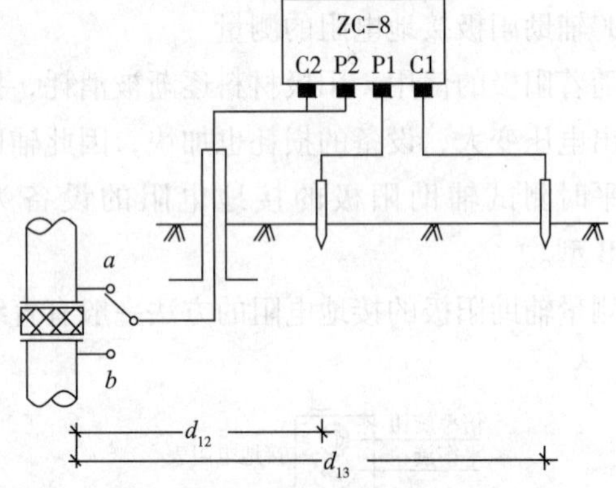

图6-17　绝缘接头（法兰）两端接地电阻测量接线图

b. 测量a、b两点的总电阻，其测量接线按图6-18所示。测量并记录仪表读数值R_r。当$R_r \leqslant 1\Omega$时，相邻两测量接线点的间隔应不小于πD；当$R_r > 1\Omega$时，相邻两测量接线点（a点与c点，b点与d点）可合二为一，此时C_1与P_1、C_2与P_2可短接。

c. 数据处理。

绝缘接头（法兰）的绝缘电阻按式（6-8）计算。

$$R = \frac{R_r\ (R_a + R_b)}{(R_a + R_b)\ - R_r} \tag{6-8}$$

式中　R——绝缘接头（法兰）的电阻，Ω；

R_r——a、b两点的总电阻，Ω；

R_a——绝缘接头（法兰）保护端接地电阻，Ω；

R_b——绝缘接头（法兰）非保护端接地电阻，Ω。

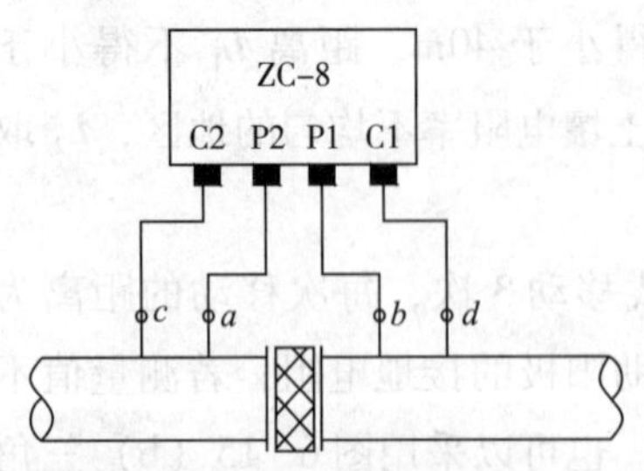

图6-18　绝缘接头（法兰）总电阻测量接线图

⑫土壤电阻率的测量

土壤电阻率是单位长度土壤电阻的平均值，单位是Ω·m，在进行土壤电阻率测量之前，宜先了解土壤的地质构造，并参阅表6-1，对所在地土壤电阻率进行估算。

表6-1　不同土壤的电阻率ρ　　Ω·m

类别	名　　称	近似值	不同情况下电阻率的变动范围		
			潮湿时（多雨区）	较干时（少雨区）	地下含盐碱时
泥土	陶黏土	10	5~20	10~100	3~10
	泥炭、泥灰岩、沼泽地	20	10~30	50~300	3~30
	黑土、田园土、陶土	50	30~100	50~300	10~30
	黏土	60	30~100	50~300	10~30
	砂纸黏土	100	30~100	80~1000	10~30
	黄土	200	100~200	250	30
	含砂黏土、沙土	300	100~1000	1000以上	30~100
	多石土壤	400	—		
	上层红色风化黏土，下层红色页岩	500（30%湿度）			
	表层土夹石、下层石子	600（15%湿度）			
砂	沙子、砂砾	1000			
	地层深度不大于1.5m，位于多岩石基底上软质黏土	1000			
岩石	砾石、碎石	5000			
	多岩石地	4000			

常用土壤电阻率测量方法有等距法和不等距法，等距法适用于平均土壤电阻率的测量，不等距法用于测量测深不小于20m情况下的电阻率，等距法最为常用。等距法测量步骤如下：

a. 在测量点用接地电阻测量仪，常用仪器为ZC-8，采用四级法进行测试，如图6-19所示。

b. 将测量仪的4个电极以等间距a布置在一条直线上，电极入土深度应不小于a/20。

c. 按照辅助阳极接地电阻的测量的操作步骤测量并记录土壤电阻R值。

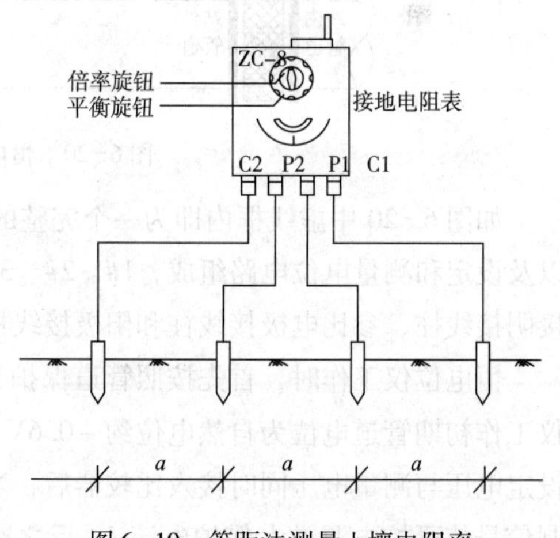

图6-19　等距法测量土壤电阻率

d. 从地表至深度为a的平均土壤电阻率按照式（6-9）计算：

$$\rho=2\pi aR \tag{6-9}$$

式中　ρ——从地表至深度a土层的平均电阻率，Ω·m；

a——相邻两个电极间的距离，m；

R——接地电阻仪示值，Ω。

6.2 恒电位仪及其操作与故障处理

（1）恒电位仪基本原理

强制阴极保护原理和系统的组成在第五章中进行了详细介绍，其中能够实现向被保护金属构筑物提供阴极保护电路的设备中最常使用的为恒电位仪。顾名思义，恒电位仪的具体作用是将设定管道电位与实际测得的管道电位进行比较后，自动调节电源输出电流的大小，从而使被保护管道电位在设定电位值附近保持恒定。下面结合图6-20进行加深理解。

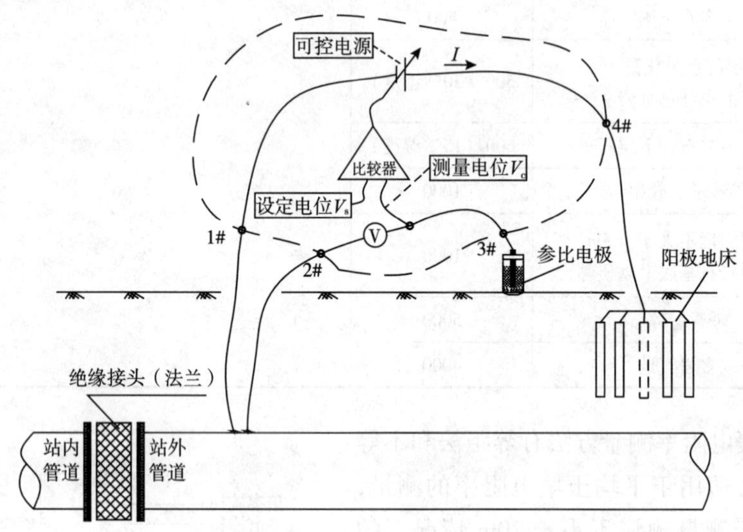

图6-20 恒电位仪工作原理图解

如图6-20中虚线框内即为一个完整的恒电位仪模型，主要由一个可控电源、比较器以及设定和测量电位电路组成，1#、2#、3#、4#为接线柱，名称分别为阴极接线柱、零位接阴接线柱、参比电极接线柱和阳极接线柱。

恒电位仪工作时，首先按照管道保护要求设定电位 V_s，通常为 -1.2V 左右；恒电位仪工作初期管道电位为自然电位约 -0.6V 左右，即恒电位仪测量电压 V_c 为 -0.6V 左右；设定电压与测量电压同时接入比较器后，当管道测量电位大于设定电位时，比较器输出控制信号使可控电源增大保护电流 I，反之减小电流 I；当测量电压与设定电压基本相同时（误差在允许范围内），恒电位仪达到稳定工作状态。

（2）PS-1型恒电位仪操作及故障排除

①仪器简介

PS-1型恒电位仪是一种模拟控制恒电位仪。该型恒电位仪广泛应用对土壤、海水、淡水、化工介质中的管道、电缆、钢铁码头、闸门、舰船、贮槽、贮罐、冷却器等金属构筑物或设备实施外加电流阴极保护，其技术性能指标先进，可靠性高，使用寿命长。

PS－1型恒电位仪的主要特点是采用数字显示输出电压、输出电流及电位值。机上装有假负载，可方便地对仪器进行自检。仪器具有防雷击，抗50Hz工频干扰，以及限流、误差报警等功能，如图6-21所示。

②技术指标

输出电压：2～20V、3～40V、5～60V

输出电流：1～10A、2～20A、3～30A、3～50A、3～100A

恒电位控制范围：－2000～－200mV或－2000～＋2000mV

恒电位精度：±5mV

流经参比电流：≤3μA

误差报警：±50～±100mV

抗50Hz干扰：≤AC30V

纹波系数：≤5%

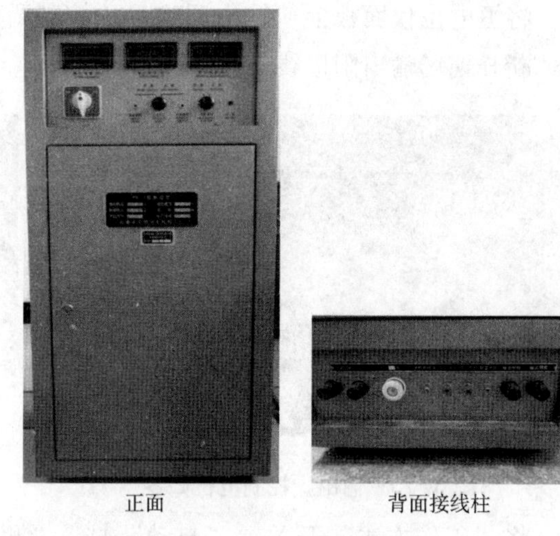

图6-21　PS－1型恒电位仪

③电路原理

整机方框图如图6-22所示，参比电位经阻抗变换后与给定电位加到比较放大器，经比较放大后输出与误差成正比的信号。如仪器工作于“自动”状态，这个信号加到移相触发器。移相触发器根据这个信号电压的大小，自动调整触发脉冲的产生时间，改变极化回路中可控硅的导通角，改变输出电压、电流的大小以至达到参比电位等于给定电位。

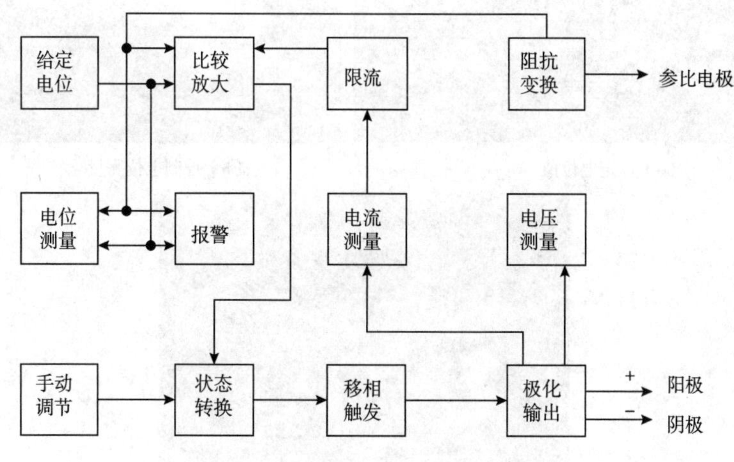

图6-22　整机方框图

PS－1恒电位仪（单相）电路原理图如附录2所示。

PS－1 恒电位仪主要由三部分组成：一是极化电源用以输出破坏被保护体的腐蚀电池的保护电流；二是自动控制部分，使保护体达到最佳保护电位；三是辅助电路使仪器方便管理。

④操作方法

确认接通外接 220V 交流电源。

将恒电位仪面板上“输出调节”、“控制调节”旋钮反时针旋到底，如图 6－23 所示。

断开现场输出阳极线，如图 6－24 所示。

图 6－23　输出、控制电位归零

图 6－24　输出阳极线断开

将“工作方式”开关置“自动”挡，“测量选择”置“控制”挡，将电源开关扳到“自检”挡，此时，仪器工作于“自检”状态，各面板表应均有显示。顺时针旋动“控制调节”旋钮，将控制电位调到欲控电位值上，测量选择开关在“控制”与“保护”之间拨动，电位表显示值基本不变，表明仪器正常，如图 6－25 所示。

（a）设定电位值

（b）控制电位测量

（c）保护电位测量

图 6－25　自检方式操作

将电源开关扳到“停止”挡，接上现场输出阳极线，将电源开关扳至“工作”挡，此时仪器对被保护体通电。旋动“控制调节”旋钮使管道电位达到欲控值，如图6-26所示。

若要“手动”工作，将“工作方式”开关拨至“手动”挡，顺时针旋动“输出调节”旋钮，使输出电流达到欲控值。如图6-27所示。

图6-26　自动方式操作

图6-27　手动方式操作

⑤操作注意事项

手动输出调节电位器应反时针旋到底，以免在由“自动”转“手动”时输出电流过大。

仪器从“手动”挡切换到“自动”挡时，应先关机，将“工作方式”开关置“自动”后再开机。因仪器在“手动”工作时，自动控制部分处于失衡状态，此时如直接切换到“自动”挡仪器工作将不正常。

当仪器需“自检”时，应事先将仪器后板的输出阳极连线断开。工作方式开关应置“自动”挡禁止置“手动”挡，因机内假负载可承受的功率较小，若置“手动”挡时，有可能把机内假负载烧毁。

⑥故障分析及排除

a. 恒电位仪发生故障时，首先进行直观检查。

观察恒电位仪指示表盘是否正常，若无指示，应查供电电源和仪器相应的输入保险。

恒电位仪置“手动”和“自动”工作，显示都是有输出电压、无输出电流，应查恒电位仪的输出保险和现场的阴、阳极回路是否开路。

b. 若直观检查未发现问题，需逐个区域排查，实现恒电位仪、控制台及现场故障的区分。

开恒电位仪工作机和备用机，故障现象相同，一般为现场故障，但也有可能是控制台故障，进一步确认，可把现场“四线”与某一台恒电位仪对接（或用短接线在控制台相应的接线柱上跨接），若故障现象还和原来一样，则可确认为现场故障，否则为控制台故障。

开恒电位仪工作机故障，备用机正常，一般为原工作机故障，但也有可能是控制台故障，进一步确认，可把现场“四线”与原工作机对接（或用短接线在控制台相应的接线柱上跨接），若故障现象还和原来一样，则可确认为原工作机故障，否则为控制台故障。

现场没有控制台，只有一台工作机，当出现故障时，可断开阳极线开“自检”检查，若“自检”正常，一般为现场故障，否则为仪器故障。

c. 若恒电位仪故障，则需按照以下方法进行检查和处理。

用万用表电阻档检查“零位”线与“阴极”线是否相通，若不通，则要检查“阴极”线或“零位”线是否开路。

用接地摇表测“阳极”线的接地电阻，若为无穷大，证明“阳极”线开路。

用便携式参比电极替代现场埋地参比电极，若恒电位仪能正常运行，证明“参比”线开路或现场埋地参比电极损坏。

仪器开“自动”故障，开“手动”有正常输出，一般为“比较板”故障，可用好的“比较板”试机加以确认，“比较板”常见故障为IC_1、IC_9或V_3损坏。

仪器开“自动”“手动”均无输出，故障在“主回路”、“稳压电源板”或“移相触发板”上，或先用好的“稳压电源板”和“移相触发板”，试机加以确认。“稳压电源板”常见故障是IC_{10}或IC_{11}损坏，“移相触发板”常见故障是$BG_3 \sim BG_6$某只管子损坏。若通过换板，仪器还不正常，则故障在“主回路”，“主回路”除了输出保险容易烧坏外，常见故障是SCR_1、SCR_2或$D_8 \sim D_{10}$的某只管子损坏。

有输出电流，输出电压表指示为零，测阴、阳极两端有输出电压，常见的故障为防雷板的铜箔线被雷击断，可用外接线短接加以修复。

若输出电流很小，输出电压超高，仪器自检正常，则可判断为阳极线接触不良造成接地电阻过大，或者阳极线开路。

(3) IHF数控高频开关恒电位仪操作及故障排除

①仪器简介

IHF系列数控高频开关恒电位仪是最新式强制电流阴极保护电源装置，由青岛雅合科技发展有限公司研制。

IHF恒电位仪以IGBT功率开关器件为核心器件，采用先进的数字控制技术和高频开关电源技术完成功率转换。IHF数控恒电位仪与传统的阴极保护电源（磁饱和或可控硅恒电位仪）相比，具有体积小、重量轻、功率因数高、纹波系数低、控制精确、便于联网等一系列优势。主要用于土壤、海水、淡水、化工介质中的钢质管道、电缆、钢码头、舰船、储罐罐底、冷却器等金属构筑物的强制电流阴极保护系统，也可用于电镀、电解、金属表面处理等。如图6-28、图6-29所示。

②技术指标

输入电源：220V/AC，波动范围：±10%

控制电位调节范围：-3000～0mV，精度：≤±5mV

参比输入阻抗：≥2MΩ，参比电极电流：≤1μA

半载输出纹波系数：≤1%

恒电流控制精度：≤1%

参比电位误差报警：±50mV

抗交流50Hz干扰：≥30V（参比与地之间），抗直流干扰：≥24V

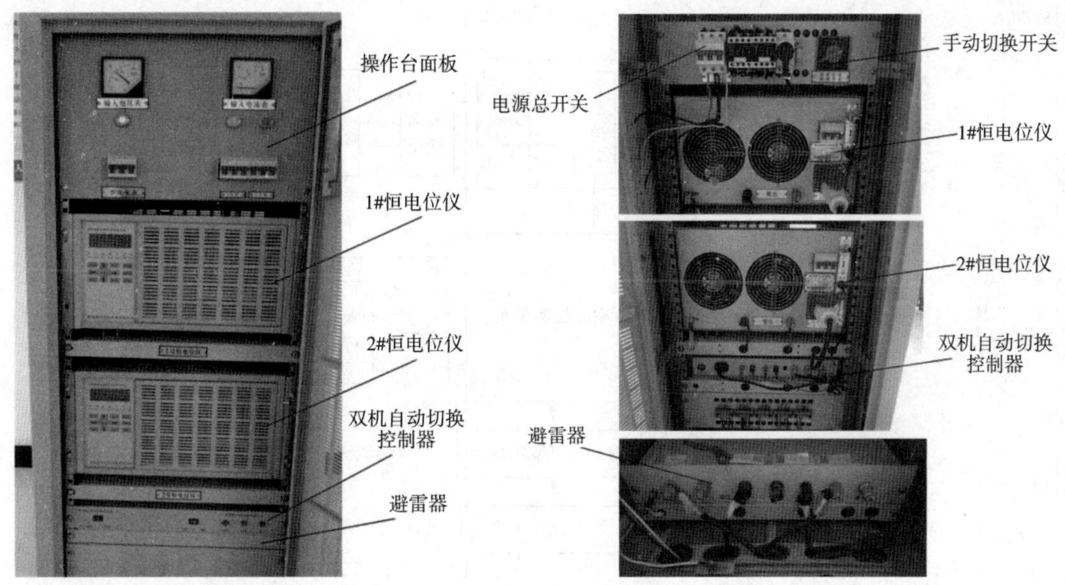

图6-28 IHF恒电位仪控制台正面　　图6-29 IHF恒电位仪控制台背面

支持双机自动切换

在恒电位出现故障时，自动切换到恒电流工作状态

满载工作效率：≥90%

断电测试功能：通断时间可以由用户调整，缺省设置为通12s，断3s

参数自保持功能：断电后恢复供电，仪器在原设定参数下自动开始运行

运行数据存储，数据保存时间大于30年

RS-485/RS-232通信功能，支持GPRS/GSM无线远程监控以及电脑通信

绝缘电阻：>50MΩ

绝缘强度：2kV

噪音：≤45dB

IHF恒电位仪、控制柜以及切换装置结构和接线如附录3所示。

③工作原理

恒电位仪原理框图如图6-30所示。

恒电位运行模式如下，参比电位信号经过参比信号隔离放大后进入中心控制单元。中心控制单元根据采样反馈的信号，分析比较输入参比电位和预置电位，计算所需发出的PWM信号的占空比，由PWM信号驱动IGBT，调整IGBT输出。IGBT输出经过高频隔离变压，高频整流，最后经过输出滤波后输出所需的电压。同时中心控制单元将运行状态在液晶屏上用中文显示，根据需要发送到远方控制中心。

恒电流模式类似恒电位运行模式，中心控制单元根据输出采样单元反馈的电流信号与预置的电流信号比较，计算所需发出的PWM信号的占空比，由PWM信号驱动IGBT，调整IGBT输出。IGBT输出经过高频隔离变压，高频整流，最后经过输出滤波后输出预置的电流。

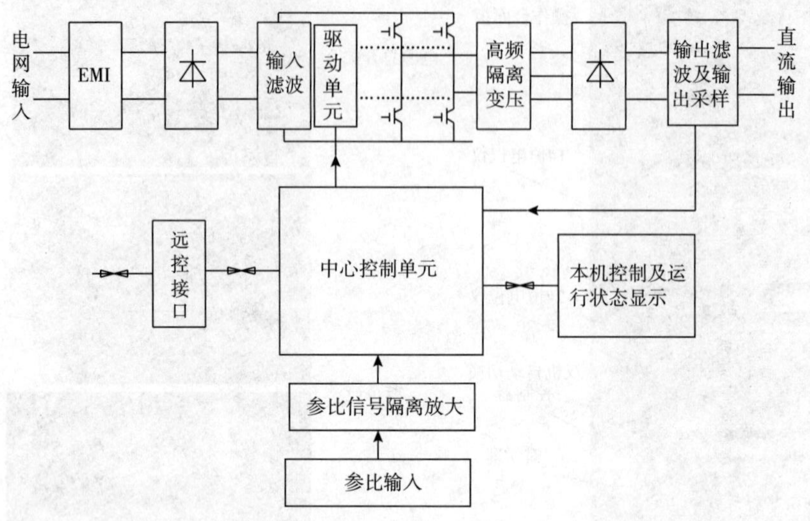

图6-30　IHF数控高频开关恒电位仪原理框图

④基本操作

开机操作：

a. 确认所有接线正确无误。

b. 恒电位仪单独使用时，合上恒电位仪市电断路器，恒电位仪市电指示灯亮，液晶屏显示LOGO，而后进入主界面，如图6-31所示。

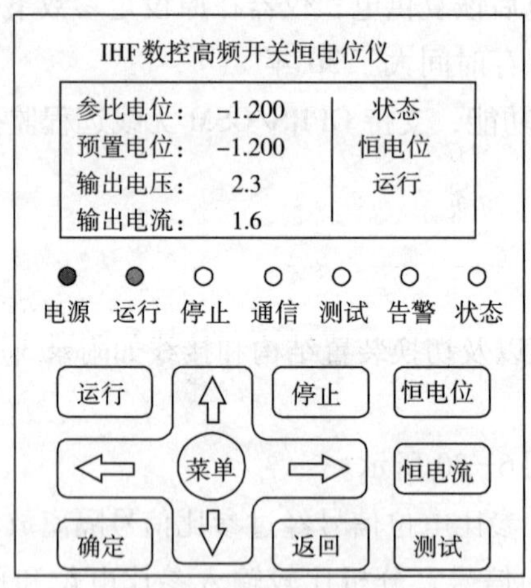

图6-31　开机主界面

此时，恒电位仪已经进入工作状态，确切的说是进入的工作状态是上次断电前的状态。例如上次断电前，恒电位仪处于“恒电位”的“运行”状态，则开机后，自动按照上次设定的参数开始运行。此时“运行”指示灯亮，液晶屏状态栏显示“恒电位”、“运行”，仪器应该有电流、电压的输出。

c. 恒电位仪配合控制台使用时，依次合上市电断路器、配电盘上“总开关”和操作面板上的电源开关，电压表和电流表有显示，运行指示灯亮。

关机操作：

a. 按下恒电位仪操作面板上的“停止”键。恒电位仪停止指示灯亮，液晶屏状态栏显示“停止”，恒电位仪停止输出。液晶屏显示如图6-32所示。

b. 断开恒电位仪市电断路器。恒电位仪电源指示灯（红色）灭，液晶屏将没有显示，风机停止工作。

恒电位运行：

a. 将恒电位仪开机。（假设上次断电时是“停止”状态，预置电位为：-0.950V）

b. 按下“恒电位”按键。液晶屏显示如图6-33所示。

参比电位：-1.200	状态
预置电位：-1.200	恒电位
输出电压：　0.0	停止
输出电流：　0.0	

图6-32　停机界面

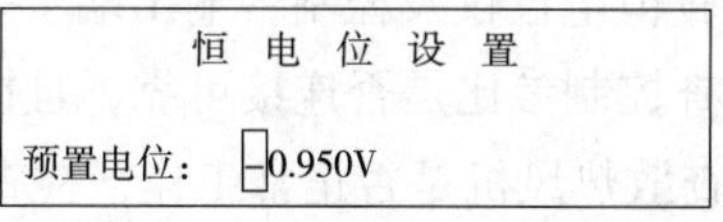

图6-33　电位设置界面

方框表示光标位置，光标移动使用左右键，修改光标所在位置数值使用上下键。例如设置预置电位为-1.2V，设置操作通过按上下左右箭头完成。

c. 按下“确定”按键，设置完成，并保存预置电位值。这是液晶屏显示预制电位为设置电位。

d. 按下“运行”按键，恒电位仪开始运行，运行指示灯亮。液晶屏显示恒电位运行界面，如图6-34所示。

恒电流运行：

a. 恒电位仪开机。（假设上次断电时是“停止”状态，预置电流为30A）

b. 按下“恒电流”按键。液晶屏显示如图6-35所示。

参比电位：-1.200	状态
预置电位：-1.200	恒电位
输出电压：　2.4	运行
输出电流：　1.6	

图6-34　恒电位运行界面

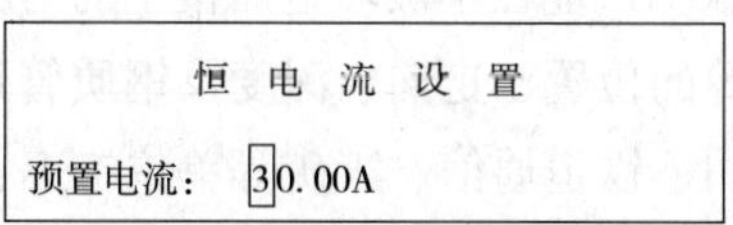

图6-35　电流设置界面

c. 设置预置电流为1.5A，设置操作通过按上下左右箭头完成。

d. 按下“确定”按键，进入恒电流运行。

e. 按下“返回”或“确定”键，然后按下“运行”键，恒电位仪进入恒电流运行状态，如图6-36所示。

参比电位：-1.200	状态
预置电流：　1.5	恒电流
输出电压：　2.0	运行
输出电流：　1.5	

图6-36　恒电流运行界面

⑤故障分析与排除

恒电位仪没有输出时，应按照下列顺序检查。

a. 检查恒电位仪是否有报警，有报警应从以下4方面判断：

输出回路断路，参比电位远小于预置电位，在-0.4～-0.6V左右，输出电压达到最大值，输出电流几乎为零，并伴有声光报警，如输出回路短路，则会电流超限并报警。

测量回路断路，参比电位与预置电位始终有50mV左右的差距，恒电位仪会电流超限报警。可分别测量参比与零位，确认问题所在。

当输出电压值或电流值超过额定电压值105%时会显示电压或电流超限报警。

参比电位与预置电位之间差值超过50mV会显示电位超限报警。

b. 检查是否停电，检查配电面板上的红色市电指示灯是否亮。

c. 检查运行指示灯（绿色）是否亮，液晶屏上状态栏是否显示运行。如果不亮，液晶屏也没有显示，则检查恒电位仪市电断路器是否合闸。

d. 检查恒电位仪及控制台输出端子是否连接可靠。

e. 检查控制参比是否连接可靠，且控制参比自身工作正常。

f. 检查散热风机是否正常工作，检查环境温度是否超出恒电位仪允许范围。

g. 检查双机自动切换控制器相应指示灯是否显示正常。如果显示不正常，则将控制开关打到“禁止”，改用控制台后部配电盘上的手动切换开关进行控制。

h. 检查外部同步通断控制信号是否为0～24V上升沿。

i. 在春秋或干旱季节，如出现恒电位运行自动转换成恒电流运行，重启或启动备用机后，现象仍然存在，可以确定参比电极断线或者接地电阻过大。

j. 在雷雨多发地区或季节，如出现恒电位运行自动转换成恒电流运行，同时出现电流很小或电压偏低等异常情况，需要检查恒电位仪的避雷板，避雷板的电路原理图及元件参数如图6-37所示。

6.3 管道探测仪

管道探测仪能在不破坏地面覆土的情况下，快速准确地探测出地下金属管道、自来水管道、电缆等的位置、走向、深度及钢质管道防腐层破损点的位置和大小，是油气储运公司、自来水公司、铁道通信、工矿等单位施工、改造、维修、普查地下管到道的必备仪器。

（1）管道探测仪分类

①一类是利用电磁感应原理探测金属管线、电缆、光缆，以及一些带有金属标志线的非金属管线，这类简称管线探测仪。

优点：探测速度快、简单直观、操作方便、精确度高。

缺点：探测非金属管线时，必须借助非金属探头，这种方法使用起来比较费力，需要侵入管线内部。

②另一类是利用电磁波探测所有材质的地下管线，也可用于地下掩埋物体的查找，俗称雷达，也被称为管线雷达。

优点：能探测所有材质的管线。

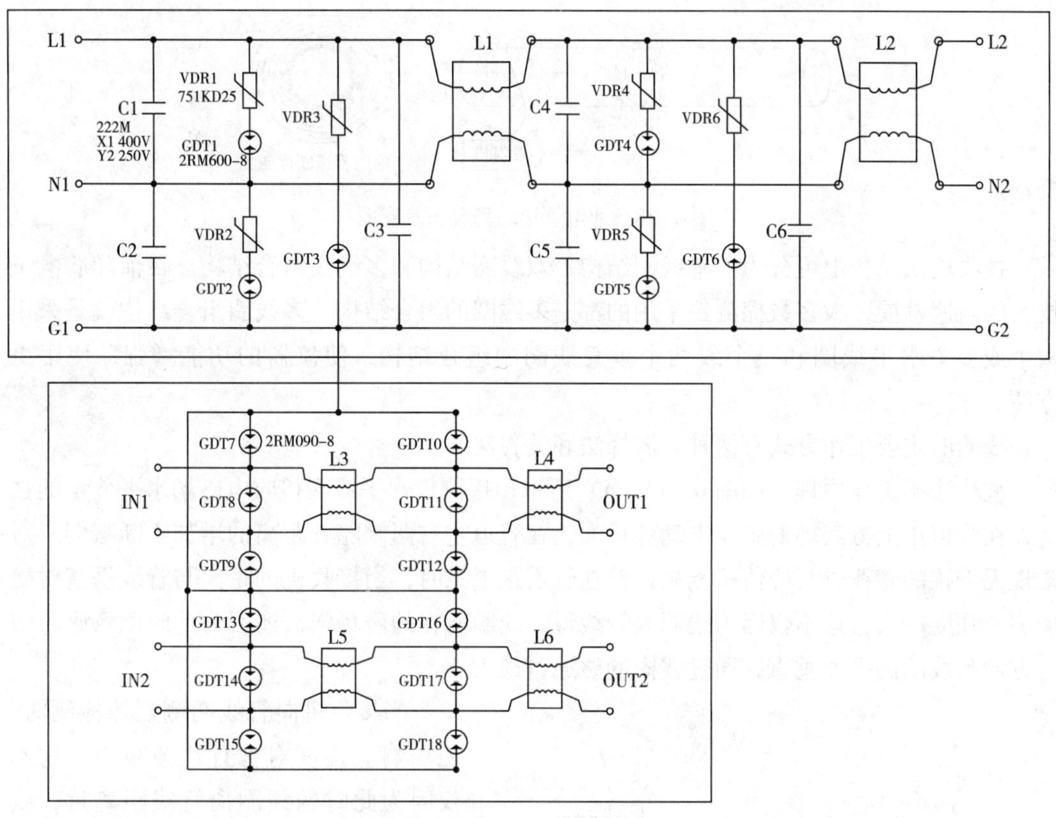

图 6-37　避雷板电路原理图

注：TRA7 型储罐强制阴极保护恒电位仪原理、操作及其维护如附录 4 所示。

缺点：对环境要求较高，测深能力较差（难查埋深较深的管线），对操作者素质和经验要求高。

任何仪器都不是完美的，需要配合使用才能发挥它们的极致。传统上，管线探测仪仅指利用电磁感应原理的管道探测仪，也是使用最多的仪器。

（2）电磁感应式管道探测仪

电磁法管线探测仪是一种利用二次场原理进行探测地下金属管线的专用便携式仪器，一般包括发射机和接收机。发射机提供给发射线圈交变电流从而在发射机周围建立交变的低频磁场，该场称为一次场。地下管线在谐变磁场的激励下会感应形成谐变电流，谐变电流在不断传播衰减的过程中又会在其周围形成二次场。接收机接收二次磁场的相关信息就可对管线的走向和埋深进行探测和估算。

目前使用的专用地下管线探测仪大都是根据电磁法原理设计的，由发射机和接收机两部分组成。

当金属管道连接发射机，即管道中就有电流流动。根据电磁产生原理，通有电流的金属管道在自由空间产生的磁场力线图在垂直于管道走向的断面上是一组以管道为圆心的同心圆，如图 6-38 所示。

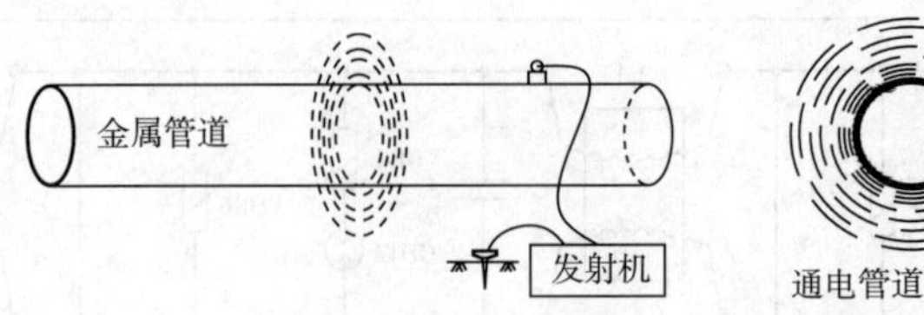

图 6-38　通电管道磁场分布示意图

接收机从结构上可分为：单线圈结构、双线圈结构和多线圈组合结构。目前随着电子技术的高速发展，大多数探测仪采用的都是多线圈的组合结构。多线圈组合结构就是采用两个或多个水平线圈和一个或两个垂直线圈的组合结构，使仪器的功能增强，使用更方便。

线圈的主要工作方式有两种：波峰法和波谷法。

波峰法的工作原理：如图 6-39（a）所示，探测仪水平线圈接收电磁场水平分量的强度，在管道正上方获得的感应电动势最大，在管道左右两侧随着距离的增加不断减弱。对常规无干扰的管线进行峰值检测来说，在管道正上方时，当接收机的正面与管线垂直时磁场响应强度最大，这不仅因为线圈离管线近，线圈所在的磁场强，还因为此时磁场磁力线的方向与线圈的平面垂直，通过线圈的磁通量最大。

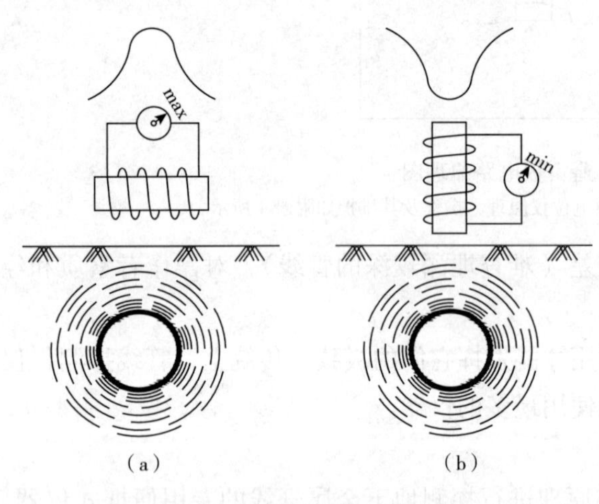

图 6-39　接收机线圈工作原理

当接收机向管线两侧延伸检测时，磁场响应强度对称且逐渐减小。这不仅因为此时的线圈离管线距离远，线圈所在的磁场变弱。还因为此时磁场磁力线的方向与线圈的平面不再垂直，通过线圈的磁通量变小，从而产生如山峰一样的信号响应。

波谷法的工作原理如图 6-39（b）所示，探测仪垂直线圈接收电磁场垂直分量的强度，在管道正上方获得最小的感应电动势，在管道左右两侧随着距离的增加不断增加至最大。

6.4　管道探测仪操作

探管仪一般由发射机和接收机两大部分组成。主要用于管线位置定位（管线走向和埋深）、防腐层漏点检测。

（1）发射机及信号输出模式

发射机的作用是给被测管线施加一个特殊频率的信号电流，一般采用直连输出模式、感应输出模式、夹钳输出模式三种信号输出模式。

①直连输出模式

当目标管线存在出露点，应首选直连输出模式施加发射信号。发射机输出的特定频率的电流直接施加到目标管线上，通过土壤（大地）或其他导体形成电流回路，具体操作方法如下：

首先将发射机红色夹与目标管线相连，确保导电良好；再将黑色夹与接地针连接，接地针牢牢的插入土中。为确保信号传输距离，请将接地针尽可能远离目标管线，并与目标管线垂直，一般保证10m左右，如图6-40所示。

接地针应为独立的接点，不可将黑色夹与其他导体或其他管线连接，否则将引起干扰信号。检测时，在发射机面板上选择直连输出模式和设置频率、功率等参数。

直连输出模式一般采用单端连接法，发射机一端连接到管线，另一端接地，通过土壤构成电流回路。如若管道周边管线环境复杂，难以区分，最好的直连法是采用双端连接法，发射机连接在一段管道的两端，直接构成电流回路，如图6-41所示。

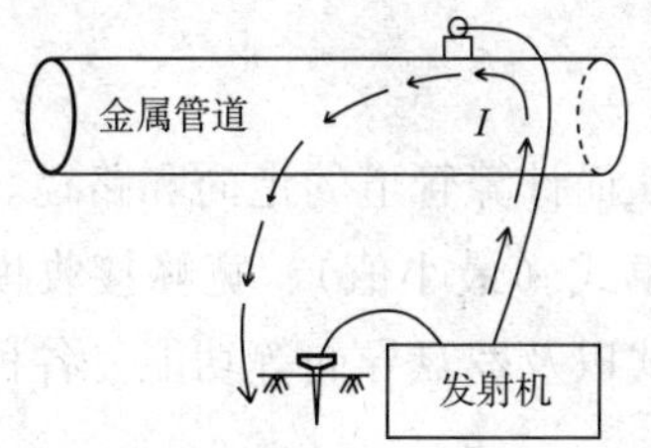

图6-40　直连输出模式（单端）加载信号

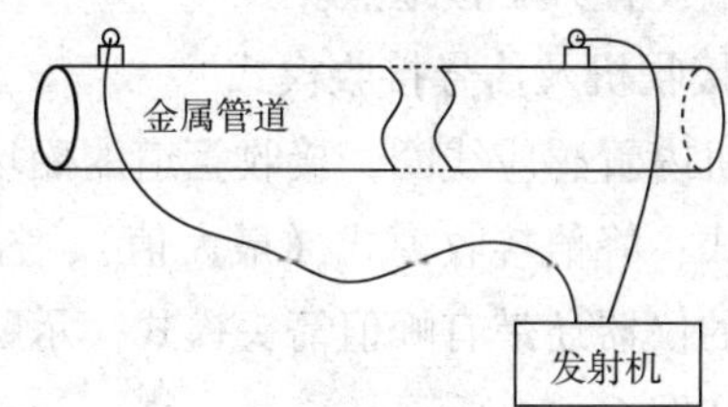

图6-41　直连输出模式（双端）加载信号

②感应输出模式

当目标管线无裸露点，无法直连或夹钳连接时或目标场地大面积普查时选用感应输出模式，如图6-42所示。

感应输出模式通过发射机内置感应线圈输出特定频率的磁场信号，在目标管线中感应激发出可传导的管线电流信号，用于接收机定位管线。操作方法如下：

确保发射机信号输出端口没有连接任何附件。发射机自动或人为选择感应输出模式输出信号。然后设置频率、功率等有关参数即可。

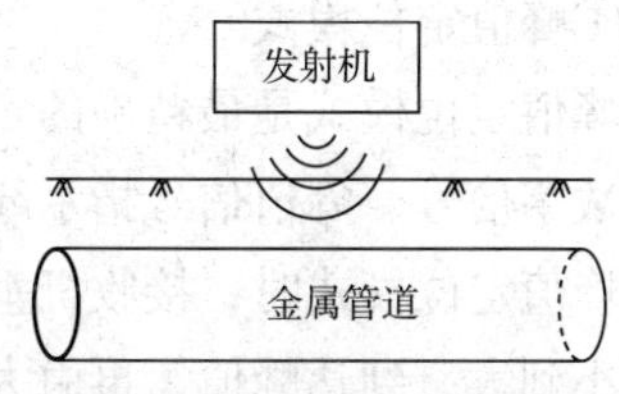

图6-42　感应输出模式加载信号

感应输出模式的优点是不需要与管线进行任何连接，发射机直接放在管线上方的地面上，就能够对管线施加发射机信号，适用于各种管线条件，操作简便，探测效率高。

在感应输出模式下，发射机不仅激发目标管线，也同样可以激发目标管线附近的邻近管线甚至地面上的金属物体，产生的干扰信号对测量精度用很大影响。因此，使用感应输出模式时，一定应选择合理的激发点，发射机不能随意放置，应让发射机与邻近管线的距离尽可能地远而与目标管线的距离尽可能地近，才能充分发挥出感应模式的优势。

③夹钳输出模式

当有出露点的目标管线，通常在不能使用直连输出模式或者目标管线负载电压不宜使

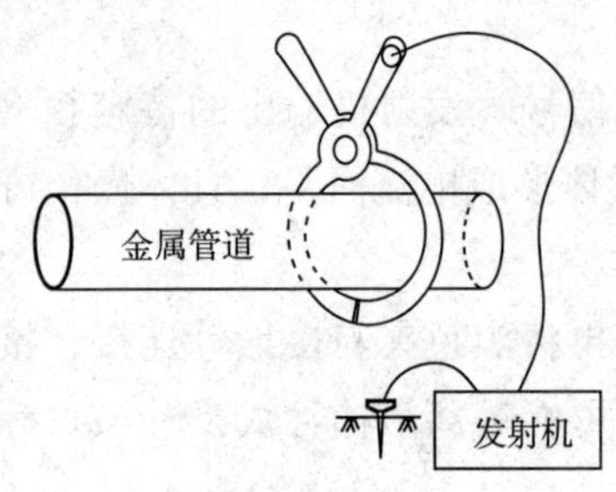

图 6-43　夹钳输出模式加载信号

用直连输出模式时，应使用夹钳输出模式，一般用于探测电缆、或者口径较小的管道，如图 6-43 所示。

夹钳是一种特殊的外接感应线圈（有时也称作耦合夹钳），工作原理类似于感应法。发射机对夹钳输出特定频率的电流，夹钳产生的磁场再对所夹管线进行耦合激发，从而在管线中产生管线电流。具体操作方法如下：

夹钳应先夹在目标管线上，并确保夹钳闭合，然后再接入发射机输出端口，开启发射机并选择匹配的频率。通常夹钳都有特定的频率，所以发射机频率必须与夹钳的频率匹配。

夹钳输出模式的优点是由于夹钳输出磁场的辐射范围较小，不易激发其他邻近管线，所以夹钳模式也是一种较为精确的定位模式。

使用夹钳输出模式时，目标管线的两端必须接地，以便形成完整的电流回路，必要时在管线末端设置人工接地点。

（2）接收机及信号接收模式

接收机内置感应线圈，接收管道的磁场信号，从而计算管道的走向和路径。一般有三种接收模式：峰值接收模式（最大值）、谷值接收模式（最小值）、宽峰接收模式，另外一些先进的仪器还带有峰值箭头模式、示踪探头模式以及罗盘导向等功能。各种接收定位模式图标如图 6-44 所示。

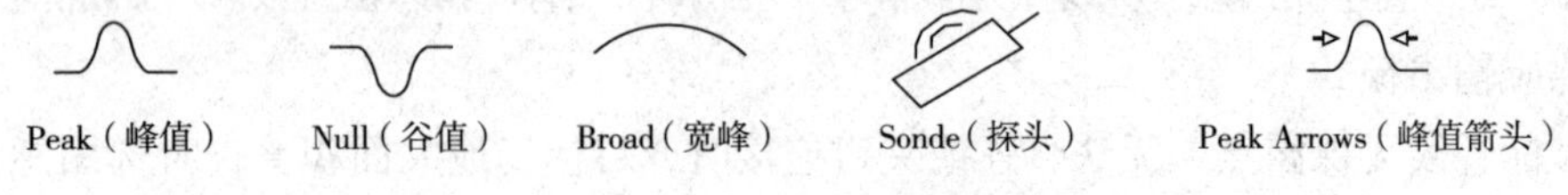

图 6-44　常用定位模式

①峰值定位模式

峰值定位模式是最精确的定位模式，也是管线定位的首选定位模式，具有条形图信号、数字信号、峰值信号指示线、彩色罗盘及导向指针和音频信号等多种信号响应。

峰值定位模式时，接收机垂直于管线，峰值信号响应以管线为中心呈峰值曲线，呈现出由小到大、到达峰值、再由大到小的信号变化，峰值信号点即为管线的中心位置。

②谷值定位模式

谷值定位模式的信号响应与峰值定位模式相反：接收机垂直于管线，谷值信号响应呈现出从大到小再到大的变化趋势，信号最小的地方是管线的正上方。

谷值定位模式的优点是灵敏度大大高于峰值定位模式和宽峰定位模式，利用这一特点，可采用谷值定位模式探测大埋深、长距离管线，追踪和定位单一管线或周围无其他管线的目标管线。

③宽峰定位模式

宽峰定位模式的信号响应范围较宽，峰值点不明显，抗干扰性和信号定位精度低于峰值定位模式高于谷值定位模式，但是宽峰定位模式的信号灵敏度高于峰值定位模式低于谷值定位模式，可用于定位大埋深管线。

宽峰定位模式的信号响应以管线为中心呈峰值曲线，呈现出由小到大、到达峰值、再由大到小的信号变化，峰值信号点即为管线的中心位置。

④峰值箭头定位模式

峰值箭头定位模式和峰值定位模式相同，在屏幕显示中导向罗盘两侧多两个箭头，指示管线的位置，有利于迅速定位。这种模式只有智能探管仪才具备。

⑤示踪探头模式

示踪探头模式主要用于定位示踪探头，故定位时示踪探头需要放置在管道内部。接收机在被测管道上方定位。

表6-2统计了常用探管仪的定位模式。

表6-2　常用探管仪定位模式

定位模式 / 探管仪	峰值	谷值	宽峰	示踪探头	峰值箭头	峰谷值
SL—2818	√	√				
LD6000	√	√	√	√	√	
RD8000	√	√	√			√
DM	√	√	√	√	√	

6.5　管道走向定位

管道走向的定位可选择峰值、谷值、宽峰三种定位模式，一般情况下应采用峰值模式。通常使用SL—2818或者LD4000\6000、DM等智能探管仪。

（1）使用SL—2818探管仪探测管道走向时，打开探管仪，将探杆拉伸到最佳长度，顺时针旋紧螺杆。避开发射机盲区，以发射机为中心，20～30m为半径，选用极大值法（探头与探杆垂直）或极小值法（探头与探杆平行）作环形探测，探管仪收到信号最强或最小处即为管线的位置。然后使用两点一线法，连接发射机接线点与管线信号定位点的连线即为管道的走向。除此还有探头转向法、一步一扫法等。

在管道位置探出以后，进行管线常规探查。一边探测前进，一边作S形摆动探头，以观察两边示值是否对称分布。不对称时，选用极小值法探测时，探测人员向音响示值小的一边移动，反之采用极大值法向示值大的一侧移动，以保持始终在目标管线的正上方。极大值法探测如图6-45所示。

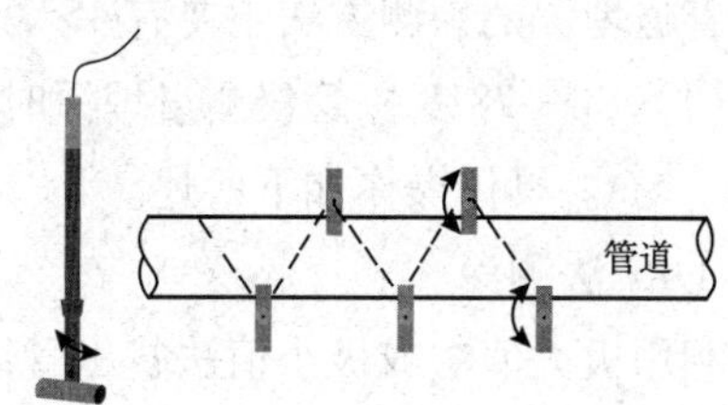

图6-45　SL—2818极大值法探测管道走向

（2）使用LD4000等智能探管仪探测管道走向时，持接收机表头朝着管线走向方向，一边行进，一边垂直于管线左右移动接收机。定位过程中保持接收机与地面平行，沿着地面平移而不是摆动接收机。移动距离应保持一定幅度，至少应能够观察小→大→小的信号变化过程，确认管线信号，一般移动距离宜保持在管线左右各0.5m。

先确定峰值点的位置，然后在峰值点原地旋转接收机180°，注意观察信号的变化，信号会大幅变化甚至消失。在旋转过程中，注意观察并确定信号具有最大峰值时接收机的朝向，此时接收机表头朝向即为地下管线的走向。也可利用彩色罗盘和导向指针来确定管线走向。找到峰值后，原地转动接收机找出目标管线的走向，接收机垂直于管线走向移动，再次定位出峰值点，即管线的精确位置，如图6-46所示。

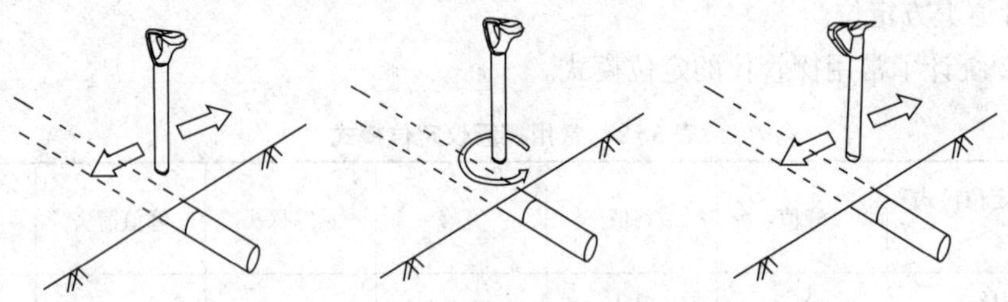

图6-46 智能探管仪管线精确定位

（3）如果被测管道存在分支管道或三通、四通等情况，使用常规方法向前探测，收不到信号时，回走五步做环形探测，即可找到拐弯管线，如图6-47所示。

图6-47 管道拐弯、三通、四通处探测示意图

6.6 管道埋深测量

管道埋深的探测方法主要有45°法、50%法、70%法、80%法、极值法和直读法等。

（1）SL—2818探管仪测量埋深时可以使用45°法、80%法和极值法三种方法，测测深度小于5m。具体操作如下所述。

①45°法测深

利用极大值法或极小值法找出管线的“位置1”并做下标记A，调整探头角度，使之与探杆成45°角，将探头沿垂直管线方向一侧移动，找出信号最小“位置2”并做下标记B，管道中心为O，这样$\triangle ABO$为等腰垂直三角形，所以$AB=AO$，即管道中心线埋土深度，如图6-48（a）所示。

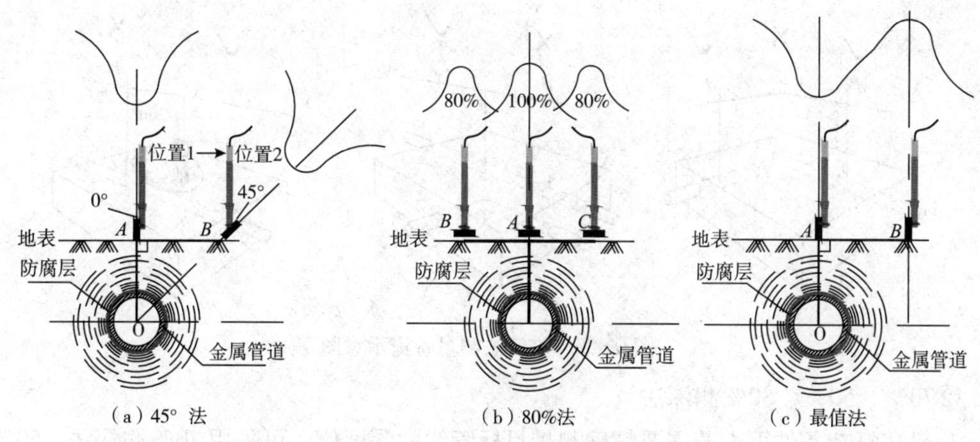

（a）45° 法　（b）80%法　（c）最值法

图6-48　测深法示意图

②80%法测深

如图6-48（b）所示，利用极大值法找出管线位置*A*，并记录探管仪接收信号的强度值，将探头垂直于管线并沿其垂直方向分别向两侧移动，注意显示窗口中的信号强度的变化，找出信号强度为*A*处80%的点*B*和点*C*，则*BC*距离即为管道中心深度。

③极值法

如图6-48（c）所示，利用极小值法找到找到管线位置*A*，将探头沿垂直管线方向一侧移动，注意显示窗口中信号强度的变化，找出信号最强处*B*点，则*AB*的直线距离即为管线中心深度。

（2）LD4000/6000等智能探管仪测量埋深时可以使用直读法、70%法、50%、80% 4种方法，其中LD6000探测深度可达20m，RD8000精确探测深度小于6m，DM精确探测深度小于5m。具体操作如下所述。

①直读法测量管线深度

在确认管线的位置和走向后，将接收机置于地面的信号峰值点，并确认处于峰值定位模式，屏幕显示实时测量深度，该深度为管线的中心至探管仪底部的距离值*D*，如图6-49所示。

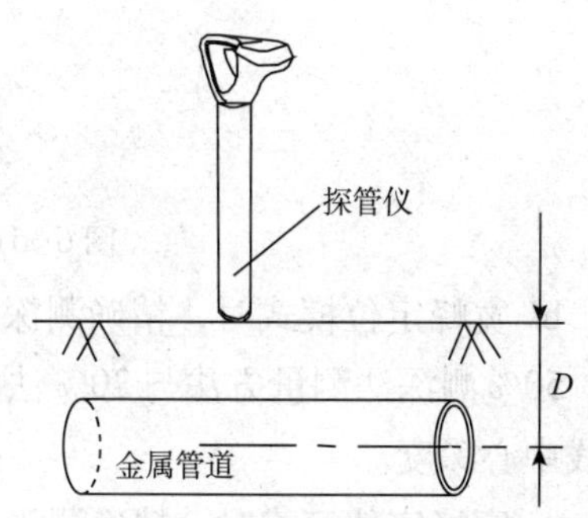

图6-49　LD6000直读法测量管道深度

直读测深法仅适用于单一管线，直读深度数据一般不可作为准确的深度值，仅用于参考。当目标管线周围存在其他管线或存在空中及地表电磁干扰时，直读法测量的深度值和管线电流值将具有较大的误差。管线转弯处不能直接测量深度，应该离开5m以上测深。靠近发射机时不能直接测量深度，应该离开20m以上测深，如图6-50所示。

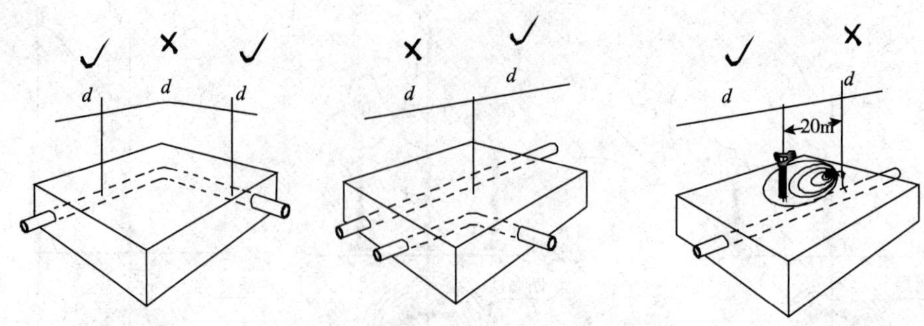

图 6-50　直读法测量管道示意图

②70%、50%、80%测深法

一般在复杂条件下，若需要精确测量目标管线的深度值，可采用70%测深法、50%测深法或80%测深法。其中70%测深法在复杂条件下也能保证测深的精度。

a. 峰值定位模式时，70%法测量方法。

确定管线走向后，在峰值最高点（管线中心点），按增益键，将信号强度调节到60%（或者其他任意值作为100%基准），向管线两侧移动接收机，找到两个信号峰值的70%点，在地面作出标记，两个70%点之间的距离即为准确的管线的中心深度。如图6-51所示。

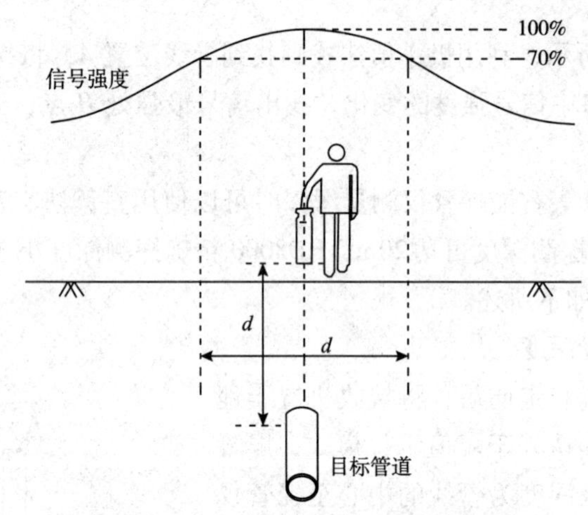

图 6-51　70%法测量管道埋深示意图

b. 宽峰定位模式时，精确测深法50%测深法。

50%测深法测量方法与70%法相同，两个信号峰值的50%点之间的距离即为二倍的管线中心深度。

c. 宽峰定位模式时，精确测深法80%测深法。

测量方法与70%法相同，两个信号峰值的80%信号点的距离 = 管线中心埋深。

d. 在宽峰定位模式时，更准确的测深方法是校正的80%测深法：管线中心深度 $H = (H_{80\%})^2/H_{50\%}$。

6.7　管道漏点检测

根据管道的安装方式，管道或埋于地下或架空。当管线架空、埋地管道可开挖时，通常使用电火花进行防腐层漏点检测即可。大多数时候我们所说的漏点检测，通常指埋于地下的管道的漏点检测。

（1）管道漏点处的电磁场分布

当地下管线被加入交变电流信号后，若在管道上存在防腐层破损，该信号电流就会在防腐层破损处泄漏入大地，在地下的等电位分布是以破损点为中心呈立体球形分布如图6-52所示。

如图6-53所示，当此信号到达地表以后，则以破损点正上方为中心呈平面圆形分布，其周围电位分布呈等距离等电位，是点状破损处漏电电位在地表的分布特征。

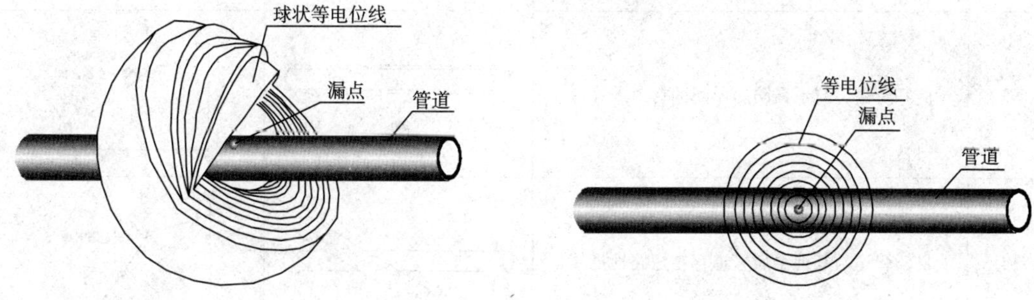

图6-52　管道地下漏点球状等电位分布示意图　　图6-53　等电位梯度平面分布图

（2）管道漏点处的电流特征

管道防腐层漏点电流特征如图6-54所示。

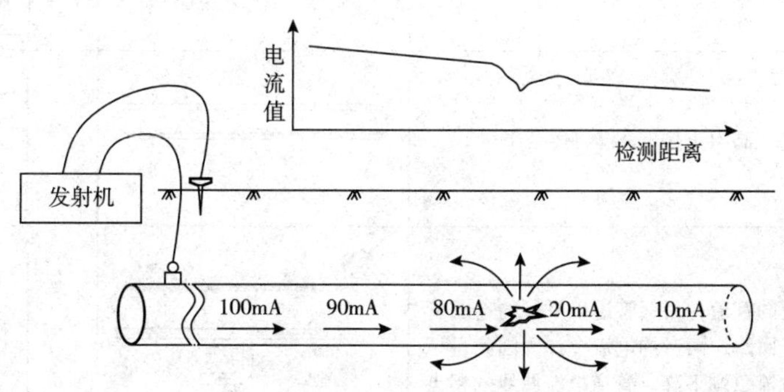

图6-54　防腐层漏点电流特征示意图

电流曲线显示的是实际的电流测量结果。这种特征性的阶梯状的V形急弯分布于防腐层漏点两侧2～10m处，分布范围取决于漏点的大小和特征。当在漏点附近探测时，这种畸变影响尤其明显。当使用雷迪等智能探测仪检测时，沿管道长度呈均匀衰减的电流值在防腐层漏点处会急剧减小。理想情况下，使用直流电位测量方法检测时，等距离电位降也会出现类似的电压降曲线特征。

在使用雷迪等智能管道探测仪时，主要用于定量分析防腐层缺陷点的严重程度和分段评估防腐层整体质量。表6-3列出了管道防腐层故障点的电流特征。

表6-3 管道防腐层故障点的电流特征

序号	防腐层故障类型	管道图例	电流特征图
1	防腐层性能良好的管道	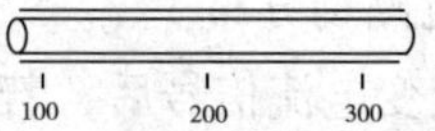 100 200 300	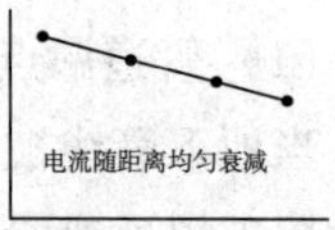 电流随距离均匀衰减
2	防腐层性能不良的管道	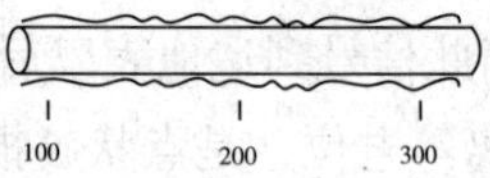 100 200 300	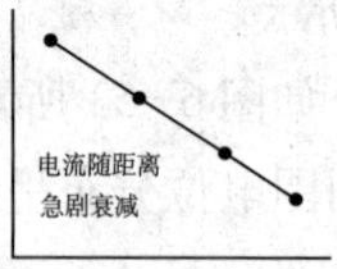 电流随距离急剧衰减
3	良好防腐层与不良防腐层间的管道	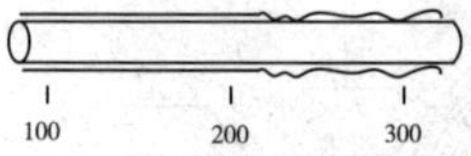 100 200 300	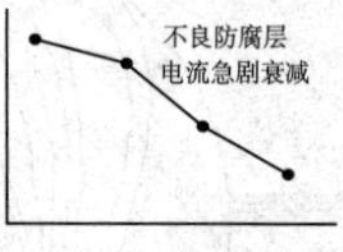 不良防腐层电流急剧衰减
4	目标管道与其他金属管道存在短路性搭接	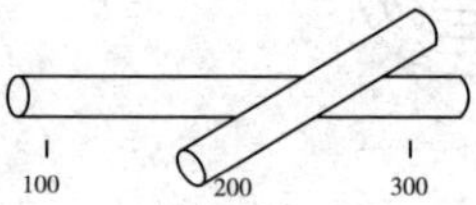 100 200 300	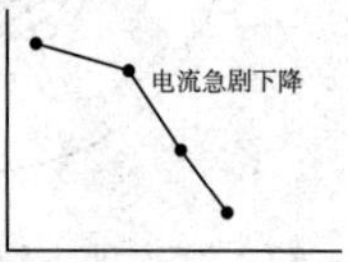 电流急剧下降
5	套管的影响	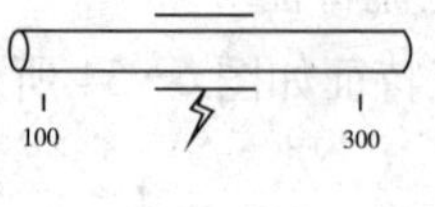 100 300	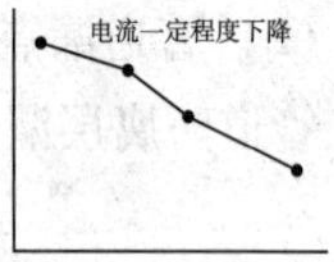 电流一定程度下降
6	干燥土壤（高阻土壤）的影响	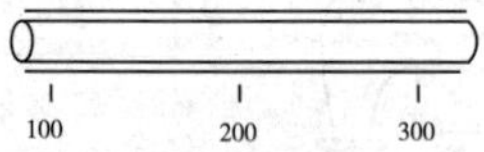 100 200 300	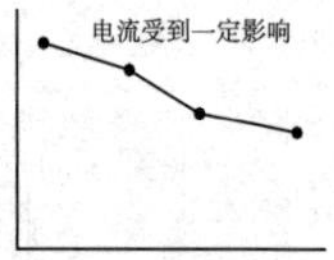 电流受到一定影响
7	平行连通的管道，目标管道以平行的连通管道作为电流回路，两者的电流叠加，因此目标管道B段电流急剧下降。管道电流曲线的拐点对应着管道绝缘故障点B 发射机接目标管道另一端：C段电流值正常下降，B段电流急剧下降，在短路点处，目标管道电流下降为零	A B C 1000mA 700mA 300mA A B C 0mA 700mA 1000mA 300mA	A B C C B A

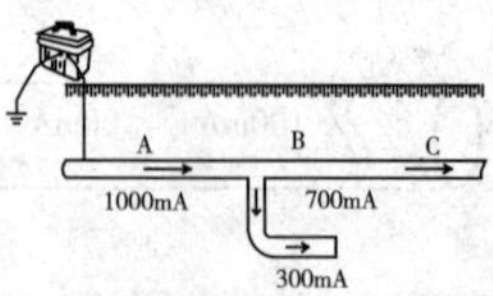

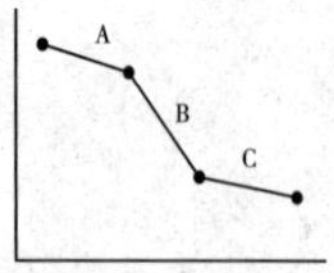

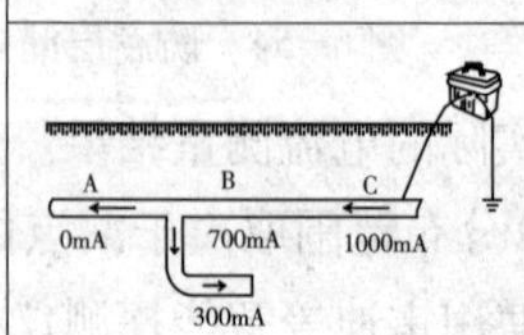

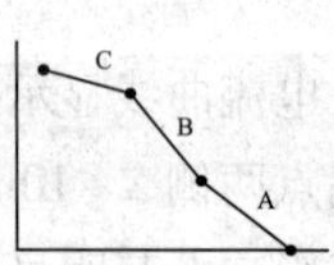

续表

序号	防腐层故障类型	管道图例	电流特征图
8	平行非连通的管道，A 段管道电流稳定下降，防腐层完好；B 段的管线电流明显下降，在 B 段存在一条邻近金属管道，其反向回流电流对目标管道产生抵消作用，造成目标管道的电流下降；C 段管道电流稳定下降	A B C	A B C

（3）管道漏点检测方法

根据管道防腐层漏点处电磁场和电流、电位变化特征，表 6-4 统计了常用检测方法及其优缺点。

表 6-4　管道防腐层漏点缺陷常用检测方法

检测方法	说　明	优　点	缺　点
人体电容检测法	人体作为信号的接收端，视作电容的两个极板，在管道与垂直于管道 20m 远处的接地棒之间通一交流信号，然后利用前后相隔一定距离的两个人体电容，把防腐层破损点处漏失电流形成的电位信号感应送到接收机，通过音响器件声音报警提示或指针表直接指示出地下管道外防腐层的漏点位置。常用仪器：SL-系列检漏仪	操作简单，准确率和效率高，能够精确、快速定位防腐层缺陷处位置，适合野外操作。一般可测深度 5m 以内、$10mm^2$ 以上的管道防腐层破损面积，定位精度在 ± 0.5m 范围以内	步行检测。当管道上方的地面是十分干燥的土壤、柏油马路、水泥路面或者土壤冰冻时，地表层的高电阻特性屏蔽了地下电流对地表电位的影响，不能准确地评估防腐层破损程度
电流梯度检测法（ACCG）	对管道施加流电流信号，在管道周围形成磁场。当管道防腐层状况良好时，电流信号将按恒定的衰减率减小。当防腐层有破损时，由于管道与大地土壤直接接触，造成信号电流衰减率突增，电流信号突然减小，由此来确定管道防腐层破损位置。常用仪器：LD - 系列、RD - 系列、DM、RD - PCM 检漏仪	以电流的对数值随距离变化的变化率和距离作图，对整段管道防腐层状况进行评估，对破损点定位。测量结果不受地面状态影响	易受杂散电流影响。电流梯度法在观察测试结果时不如电位梯度往直观，要经过计算才能得出结果
直流电位梯度检测法（DCVG）	将直流信号施加于管道上，然后利用高精度的直流电压表和两支饱和硫酸铜参比电极来测取管道沿线的电位梯度。当两极之问（可间隔 2m）出现明显差别，说明有防腐层破损点。常用仪器：加拿大 CI - 50DCVG 检测仪	可反映防腐层缺陷尺寸大小，指示腐蚀是否进行，不易受管道上方电网干扰	不能远距离测量且受环境因素及管道覆盖层绝缘性影响较大，检测效率低。
交流电流衰减法（PCM）	交流信号施加于管道上，设定接收机的定位方式为峰值模式或谷值模式。接收机沿管道正上方检测发射机施加在管道上的电流信号，同时记录测量点里程。根据电流值和管道里程绘制电流随管道里程的增加而变化的曲线，电流曲线的斜率变大的地方可能防腐层发生破损。常用仪器：LD - 系列、RD - 系列、DM、RD - PCM 检漏仪	适用任何交变磁场能穿透的覆盖层下的管道防腐层质量检测。对管道的埋深、位置、分支、外部金属构筑物、大的防腐层破损，给出准确信息；据电流衰减斜率，定性评价管段防腐层	对于带有钢套管、钢丝网加强的混凝土配重层（套管）的管道无法准确探测

续表

检测方法	说 明	优 点	缺 点
交流电位梯度检测法（ACVG）	可以采用埋地管道电流测绘系统（PCM）与交流地电位差测量仪（A字架）配合使用，通过测量土壤中交流地电位梯度的变化，查找和准确定位埋地管道防腐层破损点。常用仪器：RD－PCM检漏仪	方法易掌握、破损点定位准确、检测灵敏度高、效率高、定性判断防腐层破损点严重性	套管内破损点、未被电解质淹没的管道不适用。另外A字形架距离发射机较近；覆盖层导电性很差的管段等原因会使影响测量结果

在实际防腐层检测定位中，大多数智能管道探测仪在防腐层破损点定量分析评估方面比较突出，但是定位精度上较差，易受到环境干扰。而人体电容检测法因其操作简单、效率高等原因应用较为广泛。典型的仪器为SL－系列检测仪，常用的型号为SL－2818。检测方法如下：

将探测头（圆形金属块）的电线插头插入检漏仪右侧的检漏孔，按下检漏仪的电源“开”按钮，显示窗口正显示电池电压和漏点信号大小，显示5s后仪器进入检漏状态，如图6－55所示。

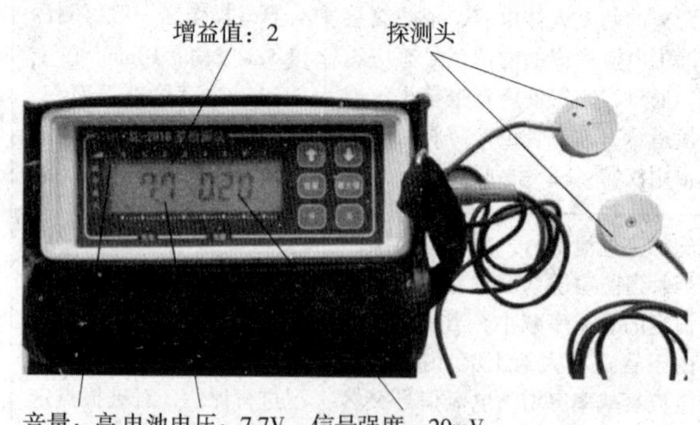

图6－55 启动检漏仪

两名检测人员人体与检漏线电极相连，保持5m左右的距离，通过↑↓键调节增益，使检漏仪接收机数字表头有一定的信号强度，便可开始检测。

具体有如下几种方法精确定位与验证：

第一种方法，移动参比法。此法为纵向法检漏，前面的检测人员右手持探管仪探管，左手握一个检漏金属块，后面的检测人员持检漏仪检漏，左手握一个检漏金属块，当前面的人走到漏点附近时，检漏仪接收机示值由小变大，继续前进，示值又由大变小，后面的人走到这一点时，示值有同样的反应，就可初步确定示值最大点就是破损点，如图6－56所示。

同理，两人成横向保持3～5m的距离，两人所形成的位置与管线垂直且必须保证一人走在管线正上方前进，调节灵敏度和增益大小，保持检测仪静态信号在0～50mV之间。两人向前行走时，若检测到的信号和音响变化都很小，说明该管段防腐层状态良好，当检测到的信号和音响都明显增大且检测信号大于所设定的漏点信号时，说明该处防腐层破损。

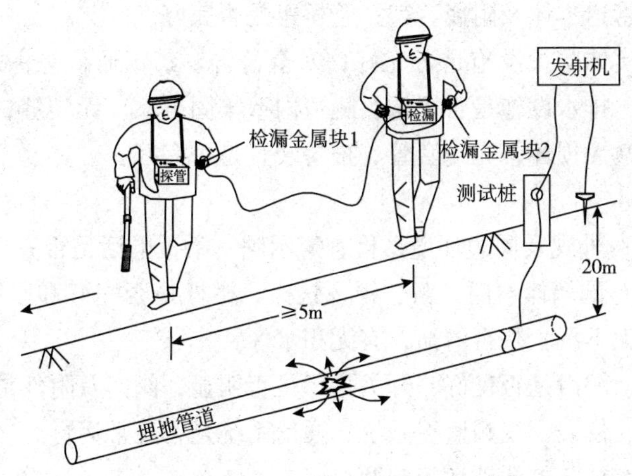

图6-56　纵向法检漏

第二种方法，等距回零验证法。以漏点为中心，两检测人员位置与漏点位置距离相等时，检漏仪示值为零，这是点状破损具有的特征，说明漏点定位准确。如果两名检测人员距漏点中心等距离，示值不能回零，说明一边存在小漏点或者有连续大小不等的破损点。

第三种方法，固定电位比较验证法。一人持接收机在管线一侧4～5m处原地不动，此人的人体感应电位是固定的，另一人沿管道正上方与管线走向作平行移动，示值有由小到大，再由大到小的变化，最大点就是防腐层破损点，即漏点。当向最大点两边移动，下降数值不对称时，中心点需向数值大的一边调整，直到两边跨步电压下降数值相等为止。

第四种方法，平行于管道移动验证法。两名检测人员中的一名在信号最大点位置，另一名检测人员在相距5m左右的距离作与管道走向平行方向同时的等距移动，如果原信号不变，就是干扰信号。此法主要用于排除十字交叉管道于目标管道相搭接或耦合产生的虚假信号。

6.8　管道巡护管理要点

（1）巡护基本内容

①管道

检查管道有无窃油（气）、漏油（气）、穿孔、断裂、人为破坏等事件。

检查管道中心线两侧有无违反《管道保护法》的行为。

检查管道裸露段防腐层、水工保护是否完好。

检查“三桩”是否完好。

②管道穿跨越

检查管道穿越公路、河流、铁路的防护工程是否完好；大开挖处回填完好并符合路况要求；标志桩完好。

检查跨越架空管道本体及附属管架、管桥等是否完好。

检查隧道周界实体防护设施是否完好；安全警告、禁止通行等标志是否清晰、醒目、齐全；隧道内通风、排水设施是否正常；隧道内壁牢固可靠，无裂缝；管道及其附属桩牌是否完好；管道支墩无损坏；光缆套管、报警装置是否完好。

③阀室（井）

检查阀室（井）外观及周边环境，检查警示牌、举报电话是否齐全。

检查阀室（井）的墙体、门、窗、锁、扶梯、栏杆是否完好和坚固可靠，有无损坏、渗漏现象，地基有无下沉，是否清洁，有无积水。

检查阀门防腐、润滑是否良好，开关指示是否明显，阀门及附件是否渗漏。

检查自控系统、仪表、视频监控系统、通信系统是否正常运行。

检查是否存在盗窃、打孔破坏等问题。

检查消防器材是否完好可用。

④水工保护

农田地区水工保护无破损、自然风化、坍塌。

河流水工保护护岸无人为破坏、自然风化、坍塌等现象。

山地水工保护的护坡、截墙、排水沟等无损坏、自然风化、坍塌等现象。

⑤光缆及阴极保护

光缆无裸露、断裂等现象。

阴极保护有效，如实记录测试桩电位值，测试仪器正常。

（2）禁止从事下列危及管道设施安全的活动

移动、拆除、损坏管道设施以及为保护管道设施安全而设置的标志、标识；

在管道中心线两侧各5m范围内，取土、挖塘、修渠、修建养殖水场，排放腐蚀性物质，堆放大宗物资，采石、盖房、建温室、垒家畜棚圈、修筑其他建筑物、构筑物或种植乔木、灌木、藤类、芦苇、竹子和根系深达管道埋设部位并损坏管道防腐层的植物；

在管道中心线两侧或管道设施场区周围各50m范围内，爆破、开山和修筑大型建筑物、构筑物；

在埋地管道设施上方巡查便道上行驶机动车辆或在地面管道设施、架空管道设施上行走。

（3）其他工程与管道相互交叉的管理原则

根据《油气管道管理与维护规程》（Q/SY GD0008—2011）规定，施工中挖出管段的最大悬空长度不应超过表6-5规定的数值（表6-4中允许悬空长度是两端为土墩固定时数值；若使用刚性支撑，应增加2m）；一个作业段直管段开挖累计长度不应大于200m。在固定墩及弯头附近200m内，挖出的直管段长度不应大于50m；开挖时，预留的土墩长度不应小于4m，待悬空段回填夯实后，再挖开支撑土墩进行作业。

表6-5　管段允许悬空长度

管径 管材	$\phi720\times8$ 16Mn	$\phi529\times7$ 16Mn	$\phi426\times7$ 16Mn	$\phi377\times7$ 16Mn	$\phi377\times7$ A3F
允许悬空长度/m	<18	<16	<13	<11	<7

另外，输油管道和分热油管道以及同等条件的常温液体管道允许悬空长度可参照《埋地钢质管道外防腐层修复技术规范》（SY/T 5918—2011）7.3.3的规定。

根据上述规定输气管道的开挖悬空长度应满足表6-6的要求。

表6-6　输气管道允许悬空长度

管道直径/mm	350	400	450	500	600	650	700	800	900	≥1000
悬空长度/m	16	17	18	19	21	22	23	24	25	26

增加交叉方案的审批、审核。

其他工程与管道相互交叉施工后，应加设管道标识桩。标识桩的位置及标识内容，应符合有关规定。

工程竣工时，工程建设单位应绘制竣工图，在竣工验收时交予管理单位存档。

（4）铁路、公路与管道相互关系的处理原则

新建铁路、公路与管道相交时，宜采用垂直交叉。必须斜交时，夹角不宜小于60°，受地形条件或其他特殊情况限制时，应不小于45°。在避不开的情况下，报上级主管部门，组织评审后实施。

新建铁路、公路与管道相交时，应采取可靠的防护措施，其防护工程的设计，应满足强度、稳定性和耐久性的要求，同时应满足双方今后安全运行及维护的需要，一般采用桥梁或涵洞的保护方式。

（5）埋地电力、通信线路与管道相互关系的处理原则

埋地电力电缆、通信电缆、通信光缆（同沟敷设光缆除外）与管道平行敷设时的间距，在开阔地带不宜小于10m；受地形条件限制时，其间距应满足《油气管道管理与维护规程》（Q/SY GD0008—2011）附录C的要求。

埋地电力电缆、通信电缆、通信光缆与管道交叉时，宜从管道下方通过，净间距不应小于0.5m，其间应有坚固的绝缘隔离物，确保绝缘良好；产权单位应对交叉处的埋地电力电缆、通信电缆、通信光缆增加刚性保护套管，其长度不应小于管沟开挖影响区域内的长度；针对石油沥青防腐层和聚乙烯、聚丙烯缠带防腐层的管道在交叉点两侧各10m范围内的管道和电缆应做特加强级防腐。

埋地电力电缆应采用铠装屏蔽电缆。

水下电缆（光缆）与管道的水平距离不宜小于50m，受条件限制时不得小于15m。

（6）架空电力、通信线路与管道相互关系的处理原则

输电线路边导线与管道最小水平间距在开阔地区不宜小于1倍最高杆塔高度，在路径

受限制地区考虑最大风偏情况下最小水平间距不宜小于8m；

Ⅰ、Ⅱ级通信线路与管道最小水平间距不宜小于15m；

管道及阴极保护的辅助阳极与塔杆接地极的距离应大于20m；

架空电力线路、通信线路与管道交叉时，杆塔基础与管道允许最小间距不宜小于1倍最高杆塔高度；

电力系统接地体应背离管道方向埋设，与管道的最小水平安全间距应符合表6-7的要求。

表6-7　管道与电力系统接地体间的最小水平安全距离

高压线电压等级/kV		≤35	110	≥220
最小安全距离/m	铁塔或电杆附近	8	10	15
	电站或变电所附近	10	15	30

（7）其他管道与管道相互关系的处理原则

两管道平行敷设间距不宜小于10m；特殊地段平行敷设间距不应小于5m。

两管道交叉时，后建管道应从先建管道下方通过，且夹角不宜小于60°，交叉处垂直净间距不应小于0.6m；其间应有坚固的绝缘隔离物，确保绝缘良好，同时确保两管线防腐层完好。

采用不同施工方法施工的管道，应考虑规范允许的施工偏差对在役管道的安全影响。

对已有管道穿越段埋深无法准确掌握时，禁止任何施工方法的管道穿越在役管道。

地质灾害易发区应评价新建管道工程对在役管道的影响，根据评价结果采取防治措施，确保在役管道的安全。

（8）定向钻施工与管道相互关系的处理原则

在在役管道附近采用定向钻方法施工，施工单位应主动向管道主管单位了解管道的位置、埋深、走向等情况，并将施工安全防护措施报管道主管单位，经审批同意后方可实施。

定向钻穿越管道时宜与管道垂直交叉，受条件限制不能垂直交叉的，交角不应小于60°。

与在役管道平行铺设时，净间距不得小于15m。与在役管道交叉时，垂直净间距应大于6m，出、入土端距离在役管道的最小距离不应小于100m。

在管道附近采用定向钻施工时，施工单位应与管道的主管单位签订安全协议，管道主管单位应派人对其施工进行现场监护，发现有违反安全协议的行为时，应制止其继续施工。

施工单位应提前告知管道主管单位其定向钻施工作业的具体时间。在定向钻施工作业期间，管道主管单位要24h密切监控管道运行状态，做好事故应急处理准备，一旦发生事故，应能立即响应。

（9）管道与河渠相互关系的处理原则

在穿越河流的管道线路中心线两侧各500m地域范围内，禁止抛锚、拖锚、挖砂、控泥、采石、水下爆破。但是在保障管道安全的条件下，为防洪和航道的通畅而进行的养护疏浚作业除外。

经规划部门审批或与管道部门协商同意的新挖河渠和河渠变迁整治对管道构成影响时，应对管道采取相应的加固防护措施。

经规划部门审批或与管道部门协商同意的新开河道或河渠整治宜与管道正交通过，如需斜交时，交角不应小于60°。

河渠整治应保证管道埋设深度不低于河道设计冲刷线下1.0m、不满足时应采取保护措施，当河床设计有铺砌层时，应保证管道埋设深度不低于铺砌层底面下1.0m。

水域穿越段管道上下游各500m范围内严禁挖砂取土；对于通航的水域，管道上下游各500m范围内为禁止抛锚区。

6.9　管道阴极保护设施管理

(1) 恒电位仪工作机与备用机定期切换运行，切换周期应每月一次，做好记录。

(2) 恒电位仪应每月维护保养一次，每年全面检修一次。

(3) 每半年测试一次阳极地床接地电阻，接地电阻异常增大时应检查阳极消耗以及阳极电缆接头是否存在腐蚀、断线等情况，必要时予以修复，不可修复并且接地电阻超过3Ω时，一般考虑更换，并做好记录。

(4) 每月对测试桩进行一次全面地检查、维护；每年进行一次检修，保持标记清楚、完整，并做好记录。

(5) 每日检查并记录恒电位仪运行参数，无人值守的阴极保护站至少每月巡检记录一次。

(6) 每月逐桩测量管道通电点电位一次。

(7) 每年应测量管道自然电位一次，一般应避免在冬季进行，测量工作应在全线阴极保护停运24h后开始。

(8) 定期对绝缘法兰（接头）绝缘性能及其防雷保护器（接地电池）的有效性进行测试，一般站内的绝缘法兰（接头）每月测量一次，其他每半年测量一次。

(9) 每月应定期检查长效参比电极的有效性，并采用经校准的便携式参比电极对其进行校核，当差值超过±20mV时，应进行更换或维修。

(10) 管道交流干扰防护管理测试。每月对管道交流电位、排流器排流电流进行一次测试。采用负电位排流时，每月对排流用牺牲阳极的开、闭路电位进行一次测试。每半年进行一次排流器排流极的接地电阻测试。对交流干扰管段，每年应进行一次排流保护效果评定测试。

(11) 直流排流设施维护。每月检查排流设备是否运行正常，测量排流电流量（最大、最小、平均值)、地床接地电阻值及负电位排流时的牺牲阳极开、闭路电位。每年对排流保护系统进行全面检修一次。

练习题

(1) 列举管道阴极保护参数测量常用仪表。

(2) 管道阴极保护有哪些基本参数需要侧量?

(3) 简述使用便携式参比电极测量管道电位的步骤。

(4) 怎样判断带有接地电池的出站管线测试桩接线端子名称?

(5) 绝缘法兰(接头)在安装前和运行中怎样判断其绝缘性能?

(6) 简述 ZC-8 接地电阻测试仪的使用方法。

(7) 绘制出管道阴极保护系统示意图,并进行简要说明。

(8) 简述 PS-1 型恒电位仪移相触发电路板的工作原理。

(9) 简述 PS-1 型恒电位仪手动自检方法。

(10) IHF 数控恒电位仪与传统恒电位仪相比有哪些优点?

(11) IHF 恒电位仪运行中突然自动切换到恒电流状态,试分析故障原因?

(12) 列举管道检测有哪些常用仪器。

(13) SL-2818 型检漏仪测量管道埋深、探测管道走向各有哪几种方法?

(14) 简述使用 SL-2818 检漏仪进行移动参比法怎样精确定位管道位置。

(15) LD6000 全频检测仪有哪几种定位模式?

(16) 简述 70% 测深法。

(17) RD8000 精确管线定位仪定位深度范围是是多少 m,所测深度的含义?

附录1　管道典型事故案例

在第1章中，采用事故树方法查找出造成管道失效的主要原因，得出了第三方破坏、管材缺陷和腐蚀破坏是管道的主要失效影响因素，但自然灾害、设计、误操作以及相关人员的责任心等不确定因素也不可忽视的基本结论。附录中着重选择在石油、石化行业中发生过的部分有代表性管道常见事故，作简要分析。

1. 管道火灾、爆炸事故

事故案例1

2013年11月22日10时25分，位于山东省青岛经济技术开发区的东黄输油管道泄漏原油进入市政排水暗渠，在形成密闭空间的暗渠内油气积聚遇火花发生爆炸，造成62人死亡、136人受伤，直接经济损失75172万元。经调查认定，是一起特别重大事故的生产安全责任事故。

（1）事故经过

2013年11月22日凌晨3点，位于青岛市黄岛区秦皇岛路与斋堂岛路交汇处，东黄输油管线破裂，事故发生后，约3点15分关闭输油，斋堂岛街约1000m^{2}路面被原油污染，部分原油沿着雨水管线进入胶州湾，海洋过油面积约3000m^2。黄岛区立即组织在海面布设两道围油栏。处置过程中，当日上午10点30分许，黄岛区沿海河路和斋堂岛路交汇处发生爆燃，同时在入海口被油污染海面上发生爆燃。

2014年1月9日，国务院对山东省青岛市2013年“11·22”东黄输油管道泄漏爆炸特别重大事故调查处理报告作出批复，同意国务院事故调查组的调查处理结果，认定是一起特别重大责任事故；同意对事故有关责任单位和责任人的处理建议，对48名责任人分别给予纪律处分，对涉嫌犯罪的15名责任人移送司法机关依法追究法律责任。

（2）事故原因

①直接原因

输油管道与排水暗渠交汇处管道腐蚀减薄、管道破裂、原油泄漏，流入排水暗渠及反冲到路面。原油泄漏后，现场处置人员采用液压破碎锤在暗渠盖板上打孔破碎，产生撞击火花，引发暗渠内油气爆炸。

②间接原因

企业安全生产主体责任不落实，隐患排查治理不彻底，现场应急处置措施不当。

青岛市人民政府及开发区管委会贯彻落实国家安全生产法律法规不力。

管道保护工作主管部门履行职责不力，安全隐患排查治理不深入。

开发区规划、市政部门履行职责不到位，事故发生地段规划建设混乱。

青岛市及开发区管委会相关部门对事故风险研判失误，导致应急响应不力。

（3）事故防范措施建议

①坚持科学发展安全发展，牢牢坚守安全生产红线。牢固树立科学发展、安全发展理念，牢牢坚守“发展决不能以牺牲人的生命为代价”这条红线。

②切实落实企业主体责任，深入开展隐患排查治理。

③加大政府监督管理力度，保障油气管道安全运行。

④科学规划合理调整布局，提升城市安全保障能力。

⑤完善油气管道应急管理，全面提高应急处置水平。

⑥加快安全保障技术研究，健全完善安全标准规范。

事故案例 2

2010 年 7 月 16 日 18 时许，位于辽宁省大连市保税区的大连中石油国际储运有限公司（以下简称国际储运公司）原油罐区输油管道发生爆炸，造成原油大量泄漏并引起火灾。导致部分原油、管道和设备烧损，另有部分泄漏原油流入附近海域造成污染。事故造成 1 名作业人员轻伤、1 名失踪；在灭火过程中，1 名消防战士牺牲、1 名受重伤。事故造成的直接财产损失为 22330.19 万元。

（1）事故经过

2010 年 5 月 26 日，中油燃料油股份有限公司与中国联合石油有限责任公司（与中石油国际事业有限公司合署办公）签订了事故涉及原油的代理采购确认单。在原油运抵大连港一周前，中油燃料油股份有限公司得知此批原油硫化氢含量高，需要进行脱硫化氢处理，于 7 月 8 日与天津辉盛达石化技术有限公司（以下简称天津辉盛达公司）签订协议，约定由天津辉盛达公司提供“脱硫化氢剂”，由上海祥诚商品检验技术服务有限公司（以下简称上海祥诚公司）负责加注作业。7 月 9 日，中国联合石油有限责任公司原油部向大连中石油国际储运有限公司下达原油入库通知，注明硫化氢脱除作业由上海祥诚公司协调。7 月 11 ~ 14 日，大连中石油国际储运有限公司、上海祥诚公司大连分公司和中石油大连石化分公司石油储运公司的工作人员共同选定原油罐防火堤外 2 号输油管道上的放空阀作为“脱硫化氢剂”的临时加注点。

7 月 15 日 15 时 30 分左右，“宇宙宝石”油轮开始向国际储运公司原油罐区卸油，卸油作业在两条输油管道同时进行。7 月 15 日 15 时 45 分，外籍“宇宙宝石”号油轮开始向原油库卸油。

20 时左右，上海祥诚公司和辉盛达公司作业人员开始通过原油罐区内一条输油管道（内径 0.9m）上的排空阀，向输油管道中注入“脱硫化氢剂”。天津辉盛达公司人员负责现场指导 7 月 16 日 13 时左右，油轮暂停卸油作业，但注入脱硫剂的作业没有停止。上海祥诚公司和天津辉盛达公司现场人员在得知油轮停止卸油的情况下，继续将剩余的约 22.6t“脱硫化氢剂”加入管道，18 时左右，在注入了 $88m^3$ 脱硫剂后，现场作业人员加水对脱硫剂管路和泵进行冲洗。18 时 8 分左右，靠近脱硫剂注入部位的输油管道突然发生爆炸，引发火灾，造成部分输油管道、附近储罐阀门、输油泵房和电力系统损坏和大量原油泄漏。事故导致储罐阀门无法及时关闭，火灾不断扩大。原油顺地下管沟流淌，形成地面流淌火，火势蔓延。事故造成 103 号罐和周边泵房及港区主要输油管道严重损坏，部分原油流入附近海域。

该事故是一起特别重大责任事故。孙利等 14 人被移送司法机关追究刑事责任。给予陈石等 29 人党纪、政纪处分。对大连中石油国际储运有限公司、天津辉盛达公司、上海祥诚公司等相关责任单位和有关责任人进行了处罚。

（2）事故原因

①直接原因

中石油国际事业有限公司（中国联合石油有限责任公司）下属的大连中石油国际储运有限公司同意、中油燃料油股份有限公司委托上海祥诚公司使用天津辉盛达公司生产的含有强氧化剂过氧化氢的“脱硫化氢剂”，违规在原油库输油管道上进行加注“脱硫化氢剂”作业，并在油轮停止卸油的情况下继续加注，造成“脱硫化氢剂”在输油管道内局部富集，发生强氧化反应，导致输油管道发生爆炸，引发火灾和原油泄漏。

②间接原因

上海祥诚公司违规承揽加剂业务。

天津辉盛达公司违法生产“脱硫化氢剂”，并隐瞒其危险特性。

中国石油国际事业有限公司（中国联合石油有限责任公司）及其下属公司安全生产管理制度不健全，未认真执行承包商施工作业安全审核制度。

中油燃料油股份有限公司未经安全审核就签订原油硫化氢脱除处理服务协议。

中石油大连石化分公司及其下属石油储运公司未提出硫化氢脱除作业存在安全隐患的意见。

中国石油天然气集团公司对下属企业的安全生产工作监督检查不到位。

大连市安全监管局对大连中石油国际储运有限公司的安全生产工作监管检查不到位。

（3）事故防范及整改措施

①立即组织开展对已投用石油库的安全检查。

②组织对石油库拟建和在建项目进行全面清理整顿。

③地方各级人民政府要认真贯彻落实新修订《危险化学品安全管理条例》（国务院令第 591 号）的有关规定。

④危险化学品单位要深刻吸取事故教训，切实加强安全生产工作。

⑤地方各级安全监管部门要切实履行安全监管职责，充分发挥危险化学品安全监管部门联席会议机制的作用，联合相关部门，按照《危险化学品安全管理条例》规定，全面加强危险化学品安全监管。

2. 管道遭第三方破坏事故

事故案例1

2003年12月19日，中石油兰成渝输油管道发生打孔盗油致管道泄漏，导致宝成铁路停运6h，管线停输近15h。此次盗油案被认为是建国以来最大的一起成品油管道打孔盗油事件。

（1）事故经过

2003年，丁汉勤等人在通过长期踩点后决定对兰州－成都－重庆成品油管道广元段实施打孔盗油。2003年12月，罗兴国等人到达盗油地点附近钻管道，丁于15日凌晨指使同伙开始放油，分两批使用油罐车把油运走，并于当日把油低价售给当地一个加油站。由于在第二次盗油时，油压过大导致水带泄漏，丁等人仓皇而逃，总计共36t的赃油就近处理，获得赃款11余万元。

输油管于2003年12月19日8时30分突然发生破裂，油柱喷射高度达40余米，造成宝成电气化铁路中断运行近6h、清江河水石油类超标7951倍、管线停输14小时33分钟、泄漏90号汽油440m^3，以及封锁108国道等严重后果，直接经济损失高达448万元。

本案经广元市中级人民法院做出一审判决：被告人丁汉勤、罗兴国犯破坏易燃易爆设备罪被判处死刑，剥夺政治权力终身；被告人张文杰被判处死刑，缓期两年执行，剥夺政治权力终身；被告人李平山、王玉志、李铁刚、张振辉分别被判处有期徒刑8年、4年、6年和4年。

（2）事故原因

不法分子为攫取高额利润，在管道上非法开孔，盗取石油，因操作不当造成大量石油泄漏。

（3）教训和思考

①管道设备设施点多线长，多在野外，稍有不慎就给不法分子造成可乘之机。

②企业在管道的日常管理中存在盲区。为什么盗油初期未及时发现管线上方异常，为什么盗油时，相关监测系统未发挥应有的报警作用导致多次盗油？

③企业、政府有关部门是不是应该对敏感地段管道，进行有针对性的风险评估和管理？

事故案例2

2010年5月2日，中石化山东东营至黄岛原油管道复线胶州市九龙镇223号桩处的管线因第三方施工造成管线发生破裂，共造成240t原油外泄。

（1）事故经过

2010年5月2日18时12分，在中石化东营至黄岛原油管道复线胶州市九龙镇223号桩、胶州市九龙镇青岛元平工贸公司厂房附近，该厂因使用非规划用地，进行拆除作业。该处距东黄复线20多米。因该施工点距管道公司原油管道较近，管道公司潍坊处派相关人员在进行现场监护，指明了管线的具体位置，并在管线上方安置了明显标识。

5月2日下午17时30分，施工方下班休工，管道公司现场监护人员撤离。但现场挖掘机司机为多干活，私自进行施工，为填埋建筑垃圾，擅自在管道上方开挖致使管道破裂，司机未及时报警逃逸。漏油点清除原油后，勘察管道破损情况为5cm×10cm不规则凹陷裂口。

事件发生后，中石化管道公司潍坊处有关人员立即赶赴现场，进行了相应应急处置，筑坝拦油控制污染，疏散人员并对火源进行管制，加强消防执勤和区域警戒。本次事件共跑油240t左右，回收220t左右。

(2) 事故原因

现场挖掘机司机在无人监护的情况下，在管道附近擅自进行发掘作业，致使原油管道破裂，漏油。

(3) 教训和思考

①挖掘机司机不服从指挥，存在侥幸心理，擅自作业。

②施工现场监护过程中，施工单位和管道所属单位监护人有没有真正落实监护职责和尽到告知责任？施工作业停止后，监护人员有没有对现场采取人员清场、封闭、警戒等措施？

事故案例3

1998年10月17日，尼日利亚的尼日尔德尔塔区输油管道发生爆炸，引起附近瓦里镇大火，造成700人死亡（其中有400人当场死亡），大约200人受伤。尼日利亚输油管道泄漏爆炸700人死亡。在爆炸中死亡或受伤的人中，多数当时正在非法收集从2天前遭破坏的管道中喷出的燃料油。报道说，一个男孩点着一支烟后，被石油浸透的整个地区发生了爆炸。

2000年，尼日利亚共发生5起大的输油管道因泄漏导致的火灾事故。这5起火灾都是偷油者凿破输油管道，使大量石油泄漏、挥发、爆燃所致。5起事故中共死亡400多人。分别是：3月22日，尼日利亚阿比亚州石油管泄漏发生火灾，死亡50人；7月11日，瓦里市阿德吉村的输油管道泄漏发生火灾，死亡250人；7月16日，瓦里的输油管道火灾，死亡18人；7月28日，瓦里的输油管道再次发生火灾，死亡30余人；11月30日，拉各斯的输油管道火灾，死亡60余人。

2006年12月26日，尼日利亚拉各斯的一条汽油管道发生爆炸，造成至少200人死亡。事故的原因是：一伙盗贼几个月来一直从这条油气管线上偷汽油，他们在偷油后没有将管线密封好，造成大量汽油泄漏。附近居民闻讯赶来，用各种容器盛装汽油，现场混乱不堪，不料管道突然起火，死伤严重。

3. 管道腐蚀事故

事故案例：

2000 月 19 日上午 5 时 26 分，美国 EI Paso 天然气公司（EI Paso Natural Gas Company，EPNG）在新墨西哥州卡尔斯巴德附近的天然气管道断裂，释放出的气体被引燃并持续燃烧 55min，12 个在附近露营的人死亡，3 辆汽车被烧毁，直接损失共计 998296 美元。

（1）事故调查

发生爆炸的管线建于 1950 年，符合管材标准 API5LX（1948 年，第一版），管材强度等级 X52（规定的最低小屈服强度是 358MPa），管道直径 762mm，名义厚度是 8.5mm。事故发生时管道运行的压力约为最大允许运行压力的 80%。

管道断裂的力量和逸出气体发生的爆炸使地下大约 14.9m 的管道断裂成 3 部分，其中 2 部分各自被抛出了 71.3m 和 87.5m。经现场观察和实验室分析这 3 段管道的碎片，发现管道内底部严重腐蚀，顶部有褶皱。

（2）事故原因分析

①管线断裂处发现的腐蚀是由管道内的微生物和湿气、氯化物、O_2、CO 和 H_2S 等因素综合造成的。

②断裂处管道顶部管壁上有 5 个褶皱，褶皱的原因是管道弯曲，弯曲是在施工期间布管或者管道运行后如土体移动等外力造成的。

③管道由于弯曲而形成褶皱时，正对着褶皱的管道底部就出现了低点位置。在断裂管道上观察到的内腐蚀就发生在这个低点处，液体可能在此处积聚成液面上下波动的液池。因为水的密度大于管中碳氢化合物，所以水在池子的底部，碳氢化合物液体在上面，给管道内腐蚀创造了良好的环境。积水的原因是由于断裂处上游排液口局部堵塞，不能完全排除管道内的液体，经过分液管的液体通过管道并在管道弯曲造成的低点处积聚导致腐蚀。

④按照 EPNG 公司内部的规定，每年应该至少进行 2 次清管器清理管道。但由于管道设计上的原因以及管道后来的改造，使得事故发生处的这段管线不能清管，积聚的固、液体不可能完全排出。

（3）启示与建议

卡尔斯巴德天然气管线事故暴露出管道在设计、改造、维护、管理以及安全监管方面的系列问题，通过分析事故原因，从中应得到以下启示。

①天然气管道设计中必须考虑内腐蚀控制。此次事故源于管道上的一处不合理设计，使管道出现了低点位置积水并且不能清管，留下了安全隐患，需要注意的是，在对老管线进行改造时，要充分论证其原有结构设计中存在的问题是否会转移到新的管段上来，带来更大的隐患。此次事故中，原有分液管的设计是希望能够将液体杂质虹吸到地上储罐，然而在管线加装了清管设备后反而造成事故段无法清管，固、液杂质堵塞分液管，造成管线低点严重内腐蚀。

②重视进入管道内的天然气的质量。ENPG 对管道内腐蚀的控制完全依赖于上游天然气的质量，没有警觉到有害的成分已经进入管道系统。因此，应该在气源处设计监控装置，监测进入管道的天然气质量，并采取措施监测管线的操作条件，取得天然气管道运行的第一手资料，以便有效地采取预防措施对管道内腐蚀情况加以控制。

③建立完善的管道安全监管体系。长输管道系统不同于其他工业设备，一旦发生故影响面广、后果严重，尤其是天然气管道。随着越来越多的天然气管线建成，我国也将形成复杂的天然气管网。因此，应该加快天然气管道安全的立法，完善管道监管体系。

附录2 PS-1恒电位仪（单相）电路原理图

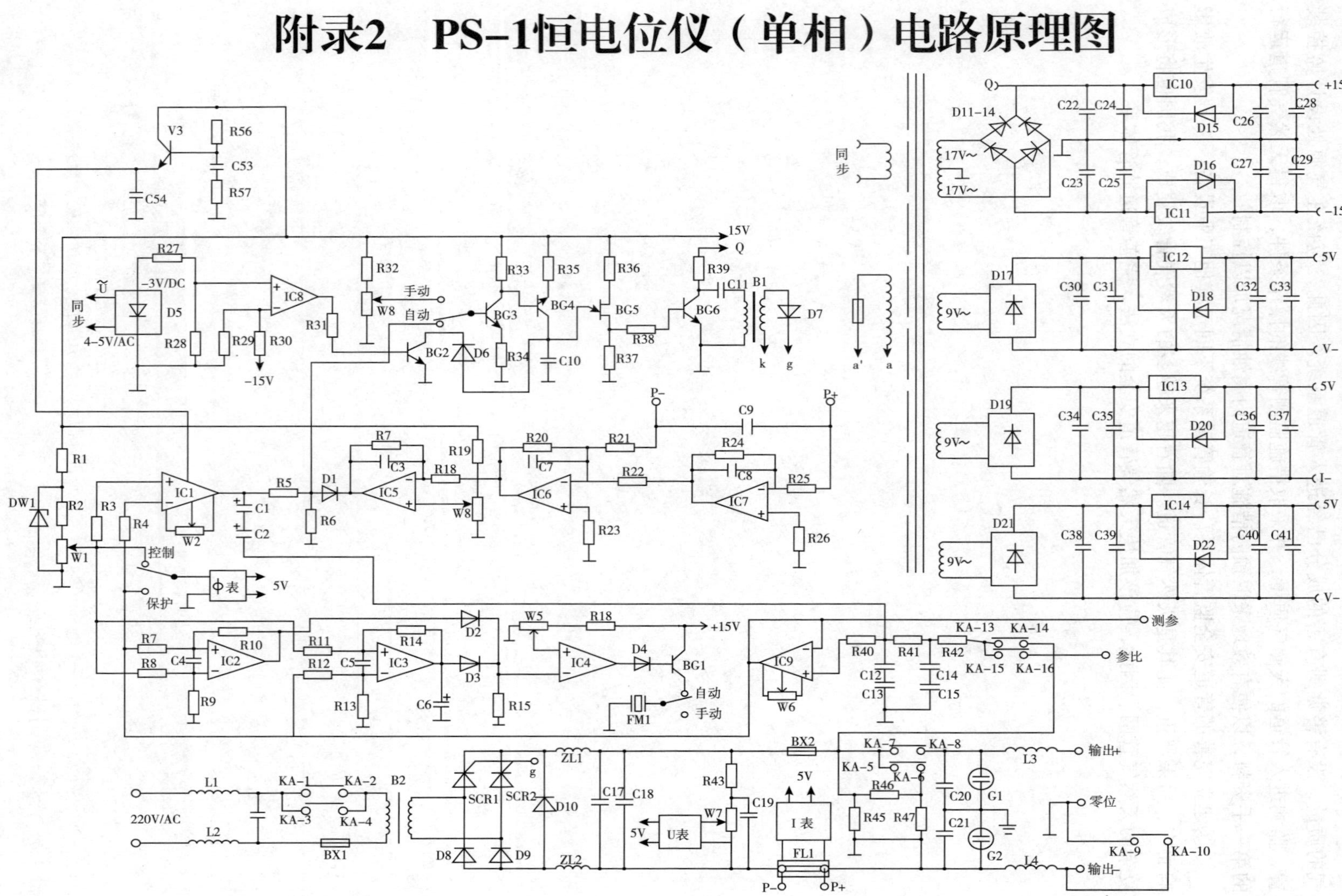

附录3　IHF恒电位仪、控制柜以及切换装置结构和接线

（1）控制柜前后视图

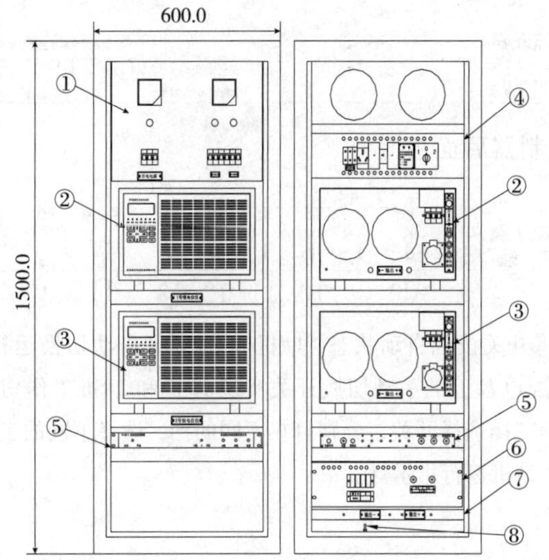

①控制柜操作面板；②1号恒电位仪；③2号恒电位仪；④交流配电盘；⑤双机自动切换控制器；⑥综合接线盘；⑦输出母排；⑧恒电位仪输出

（2）控制柜操作面板

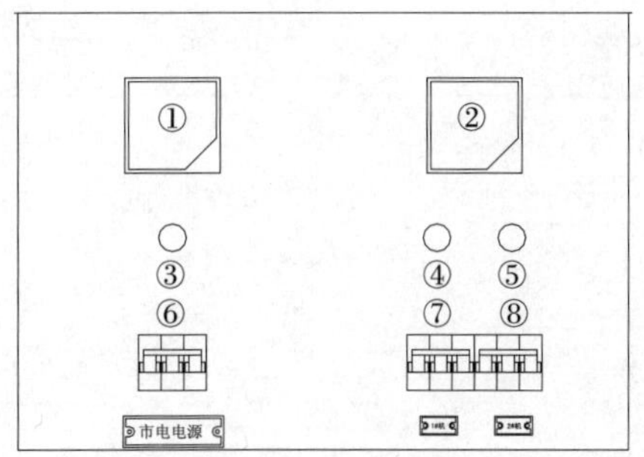

①PV—电压表；②PA—电流表；③H3—市电电源指示灯；④H1—1#恒电位仪运行指示灯；⑤H2—2#恒电位仪运行指示灯；⑥QF—市电电源开关断路器；⑦QF1—1#恒电位仪电源开关断路器；⑧QF2—2#恒电位仪电源开关断路器

（3）交流配电盘

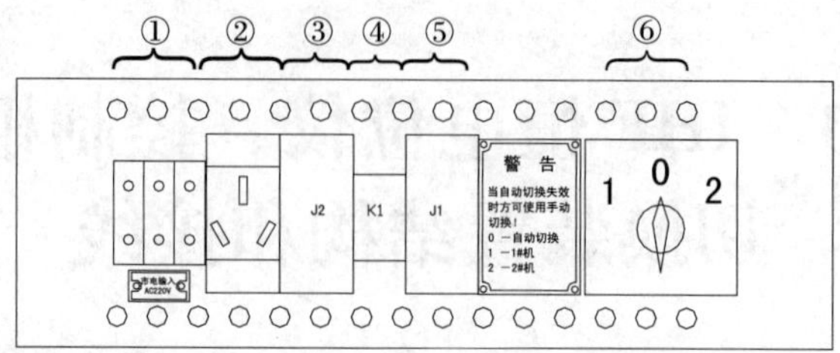

①XS—交流输入；②CZ1—双机自动切换控制器电源插座；③J2—2#恒电位仪接触器；④K1—手动切换继电器；⑤J1—1#恒电位仪接触器；⑥SA—手动切换开关

（4）双机自动切换控制器前面后面板

①双机自动切换控制器前面板

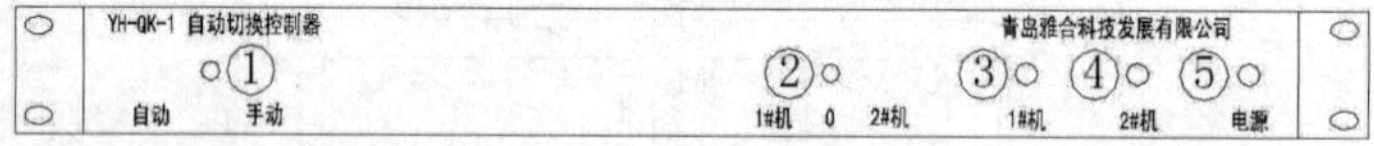

②双机自动切换控制器后面板

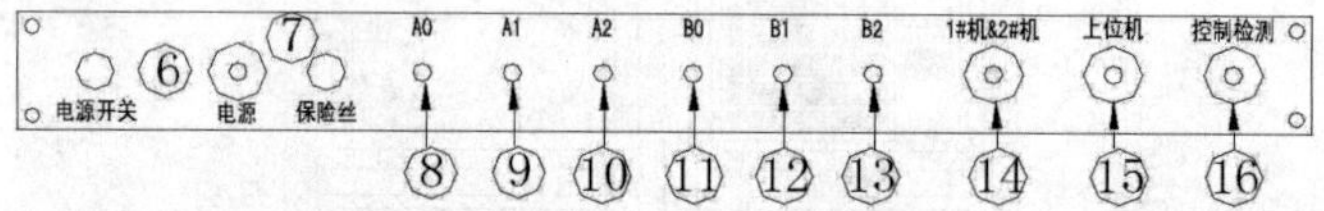

①自动/手动开关。将开关拨到自动状态，1#机和2#机将自动切换运行；将开关拨到手动状态，自动切换功能失效，交流配电盘上的手动切换开关实现1#机和2#机工作切换。

②状态选择开关。此为三挡选择开关，分别打在不同的挡，选择不同的工作状态。

③④1#机运行指示灯，2#机运行指示灯。

⑤电源指示灯

⑥自动切换器电源开关

⑦自动切换器电源插座

⑧接火线

⑨1#机选择继电器（常开）

⑩1#机停止指示灯

⑪接火线

⑫2#机选择继电器（常开）

⑬2#机停止指示灯

⑭与1#机和2#机通信接口

⑮接上位机通信

⑯控制检测接口

（5）双机自动切换控制器与对外接线图

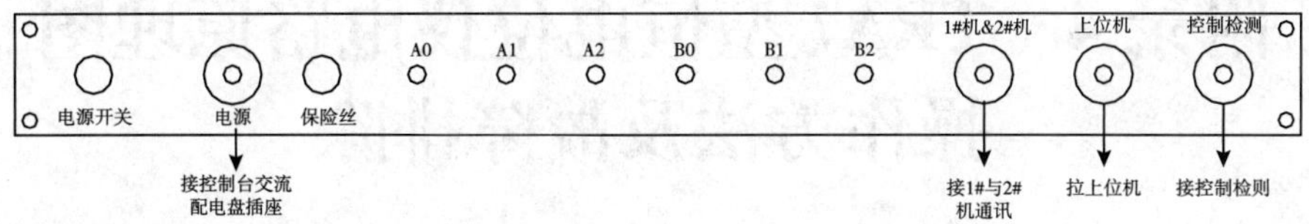

（6）控制柜对外接线图

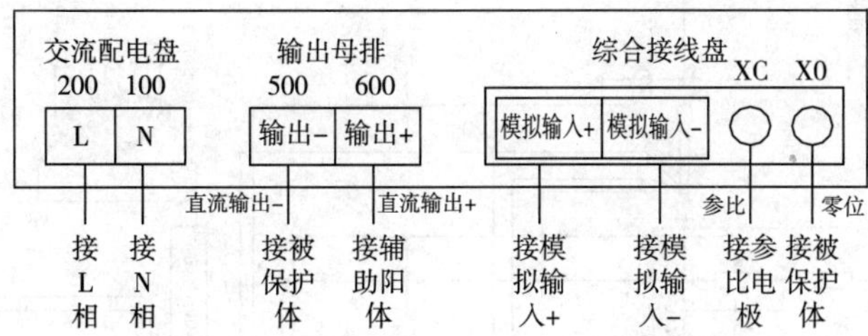

附录 4　TRA7 型恒电位仪电路原理图操作方法及故障排除

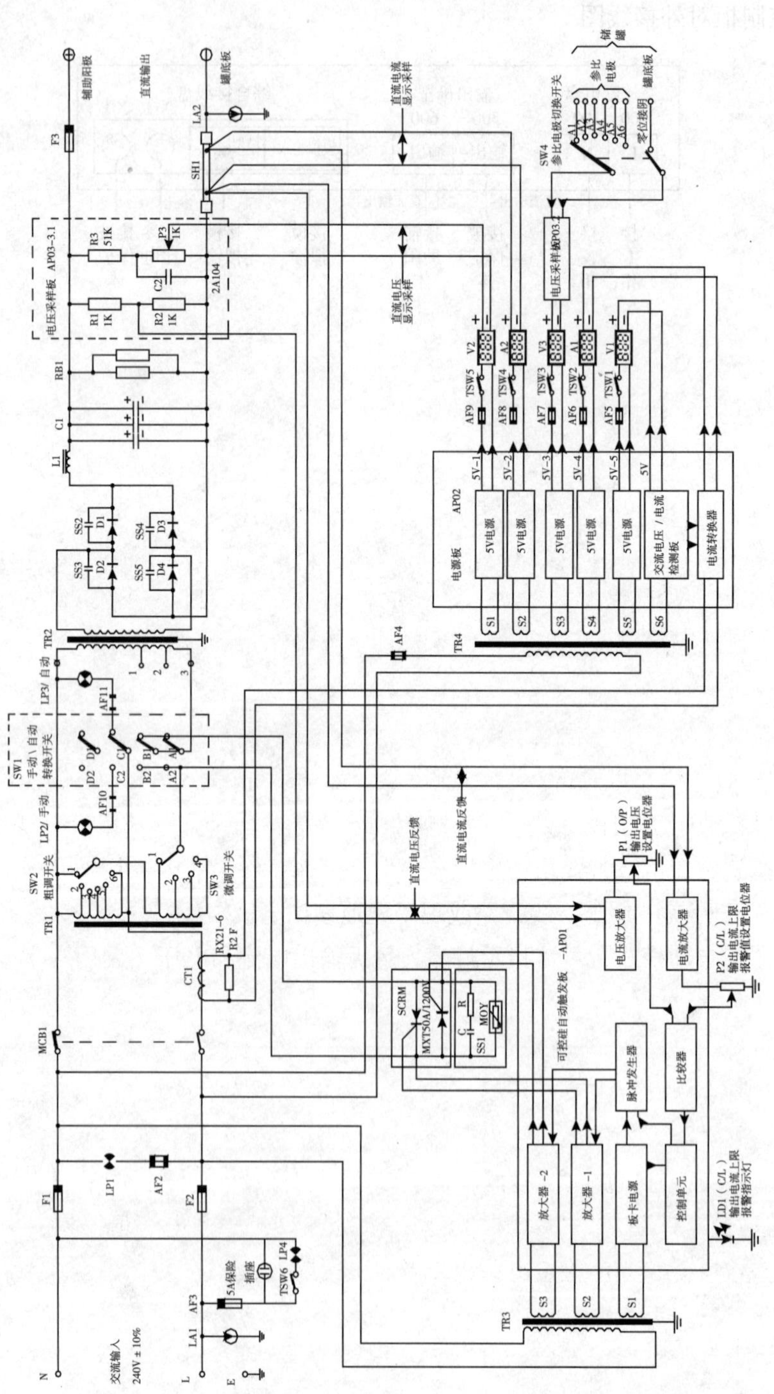

操作方法：

①确认接通外接220V交流电源。

②检查阴极线、阳极线、零位接阴、参比电极线缆是否接触良好。

③合上恒电位仪下端的外接电源断路器，交流指示灯亮，交流电压显示器显示电压值。

④选择手动模式时，操作步骤如下：

a. 将手/自动模式切换开关打到手动（MANUAL）状态。

b. 调整直流电压输出粗调整开关（CORRSE CONTROL）和细调整开关（FINE CONTROL），使1个（如1#，REF1）参比电极电压达到规定值。

c. 旋转参比电极切换开关，重复调整工作，使参比电极的最小电压控制在规定范围内。

⑤选择自动（AUTO）模式时，操作模式如下：

a. 将手/自动模式切换开关打到自动状态。

b. 使用一字改锥调整直流输出电压设定电位器（O/P VOLTAGE SET），使1个（如1#）参比电极电压达到规定值。

c. 旋转参比电极切换开关，重复调整工作，使参比电极的最小电压控制在规定范围内。

d. 启动恒电位仪后或在调整过程中，如果过流指示灯（CURRENT LIMIT）亮，恒电位仪将停止工作，使用一字改锥调整直流输出过流设定电位器（CURRENT LIMIT SET），使过流报警灯熄灭，同时保证输出电流在允许范围内。

故障排除：

①用万用表电阻档检查“零位”线与“阴极”线是否相通，若不通，则要检查“阴极”线或“零位”线是否开路。

②用接地摇表测“阳极”线的接地电阻，若为无穷大，证明“阳极”线开路。

③用便携式参比电极替代现场埋地参比电极，或旋转参比电极切换开关，若恒电位仪能正常运行，证明该“参比”线开路或现场埋地参比电极损坏。

④仪器选择自动模式，过流指示灯亮，且无输出电流和电压，使用一字改锥调整直流输出过流设定电位器。

⑤仪器选择“自动”模式，各LED显示器均有电源，且无输出电流和电压，此时一般为触发板损坏。

⑥仪器选择“自动”或“手动”模式，均无输出电流，各参比电极电压值在0.4～0.60V之间，则应检查直流输出电流保险是否熔断。

⑦仪器选择“自动”或“手动”模式，测量各参比电极电压值是否正常，若电压表头或电流表头没电源，则应检查电源板或者表头保险。

附录 5　油气管道保护工作主要参考标准

[1] GB 50369—2014 油气长输管道工程施工及验收规范
[2] GB 50253—2014 输油管道工程设计规范
[3] GB 50251—2015 输气管道工程设计规范
[4] GB 50217—2007 电力工程电缆设计规范
[5] GB 50423—2013 油气输送管道穿越工程设计规范
[6] GB 50424—2015 油气输送管道穿越工程施工规范
[7] GB 50459—2017 油气输送管道跨越工程设计标准
[8] GB 50538—2010 埋地钢质管道防腐保温层技术标准
[9] GB 50264—2013 工业设备及管道绝热工程设计规范
[10] GB/T 8923.1—2011 涂覆涂料前钢材表面处理
[11] GB/T 23257—2009 埋地钢质管道聚乙烯防腐层技术标准
[12] GB/T 10123—2001 金属和合金的腐蚀　基本术语和定义
[13] GB/T 21448—2017 埋地钢制管道阴极保护技术规范
[14] GB/T 21246—2007 埋地钢质管道阴极保护参数测量方法
[15] GB/T 33378—2016 阴极保护技术条件
[16] GB/T 33637—2017 阴极保护　MMO/Ti 柔性阳极
[17] GB/T 33373—2016 防腐蚀　电化学保护术语
[18] GB/T 16805—2009 液体石油管道压力试验
[19] SH/T 3154—2009 石油化工非金属衬里管道技术规范
[20] SY/T 0407—2012 涂装前钢材表面处理规范
[21] SY/T 4103—2006 钢质管道焊接及验收
[22] SY/T 6064—2011 管道干线标记设置技术规定
[23] SY/T 0420—1997 埋地钢制管道石油沥青防腐层技术标准
[24] SY/T 0414—2017 钢管道聚烯烃胶粘带防腐层技术标准
[25] SY/T 6530—2010 非腐蚀性气体输送用管线管内涂层
[26] SY/T 0017—2006 埋地钢质管道直流排流保护技术标准
[27] SY/T 0032—2000 埋地钢质管道交流排流保护技术标准
[28] SY/T 0447—2014 埋地钢制管道环氧煤沥青防腐层技术标准
[29] SY/T 0063—1999 管道防腐层检漏试验方法

[30] SY/T 0315—2013 钢制管道单层熔结环氧粉末外涂层技术规范
[31] SY/T 0096—2013 强制电流深井阳极地床技术规范
[32] SY/T 0088—2006 钢制储罐罐底外壁阴极保护技术标准
[33] SY/T 0096—2013 强制电流深井阳极地床技术规范
[34] SY/T 0037—2012 管道防腐蚀层阴极剥离试验方法
[35] SY/T 0086—2012 阴极保护管道电绝缘标准
[36] SY/T 5919—2009 埋地钢质管道阴极保护技术管理规程
[37] SY/T 5918—2011 埋地钢质管道外防腐层修复技术规范
[38] SY/T 6068—2014 油气管道架空部分及其附属设施维护保养规程
[39] Q/SY GD0008—2011 油气管道管理与维护规程
[40] GGDCY—B 040402—43—00902017—1 管道储运有限公司外线巡护管理细则（试行）
[41] GDGS/ZY 62. 01—01—2010 埋地钢质管道阴极保护系统运行监控管理规定
[42] Q/SY GD 0191—2008 油气管道阴极保护系统运行维护规范

参考文献

[1] 于宏庆．埋地长输油气管道的腐蚀与防护［J］．中国石油和化工标准与质量，2014，(10)：236.

[2] 孙娈芬，徐婷婷．我国油气管道保护工作现状与对策［J］//第五届石油天然气管道安全国际会议暨第五届天然气管道技术研讨会论文集，2012：157－161.

[3] 陈利琼，等．油气管道危害辨识故障树分析方法研究［J］．油气储运．2007，26 (2)：18－30.

[4] 陈利琼．在役油气长输管道定量风险技术研究［D］．西南石油学院，2004.

[5] 吴兵，陈娟．输油管道工程的安全性分析［J］．石油化工腐蚀与防护，2008，25 (2)：24－26.

[6] 张镇，李著信，等．长输油气管道第三方破坏故障树分析［J］．油气储运，2008，27 (6)：37－40.

[7] 中国石油天然气集团公司职业技能鉴定指导中心．油气管道保护工［M］．北京：石油工业出版社，2008.

[8] 茹慧灵．油气管道保护技术［M］．北京：石油工业出版社，2008.

[9] 夏云生．曹津长输原油管道清管作业实践［J］．管道技术与设备，2014，(5)：49－51.

[10] 班明才，邓文兵．常用金属管线探测仪的性能对比［J］．地球，2007，(7)：219.

[11] 田应中，张正禄，等．地下管线探测与信息管理［M］．北京：测绘出版社，1997.

[12] 杨长林，赵鹏涛，等．一种多天线管线探测仪接收机的设计［J］．探测与控制学报，2007，29：16－20.

[13] 杨向东，聂上海．复杂条件下的地下管线探测技术［J］．地质科技情报，2005，24：129－132.

[14] 李文波，彭新凯，沈伊涛，等．3PE 油气输送管道施工中防腐层的防护及检漏［J］．第二届油气田地面工程技术交流大会，2015：819－823.

[15] 周风林，洪利波．城市地下管线探测技术手册［M］．北京：中国建筑工业出版社，1998.

[16] 徐小兵．油气长输管道工程施工技术手册［M］．北京：石油工业出版社，2011.

[17] 李广政．SL 地下管道防腐层检漏仪实用方法［J］．油气储运，2010，29 (5)：334－341.

[18] 王志刚．地下管线检测技术在管线检漏中的应用［J］．管道技术与设备，2014，(5)：21－23.

[19] 盂繁亮．管道防腐层破损原因及检测技术探讨［J］．化学工程与装备，2011，(5)：107－111.

[20] 车飞，高海霞．ACVG、DCVG 技术在输气管道外检测中的应用［J］．管道技术与设备，2011，(3)：51－53.

[21] 徐浙峰，戴浩，等．淮河石油污染事件浅析［J］．中国环境监测，2012，28 (1)：113－115.